中天实训教程

U0313517

3D 打印技术应用教程

编审委员会

（排名不分先后）

主　　任　吴立国
副 主 任　张　勇　刘玉亮
委　　员　王　健　贺琼义　董焕和　缪　亮　赵　楠
　　　　　刘桂平　甄文祥　钟　平　朱东彬　卢胜利
　　　　　陈晓曦　徐洪义　张　娟

本书编写人员

主　　编　刘玉山
副 主 编　万文艳
编　　者　刘玉山　万文艳　陈少华　祝　权　吴　萌
　　　　　刘　佳　赵美怡　赵　辉
审　　稿　朱东彬

中国劳动社会保障出版社

图书在版编目(CIP)数据

3D 打印技术应用教程/刘玉山主编. -- 北京:中国劳动社会保障出版社,2018
中天实训教程
ISBN 978 - 7 - 5167 - 3710 - 1

Ⅰ.①3… Ⅱ.①刘… Ⅲ.①立体印刷-印刷术-教材 Ⅳ.①TS853

中国版本图书馆 CIP 数据核字(2018)第 242357 号

中国劳动社会保障出版社出版发行

(北京市惠新东街 1 号 邮政编码:100029)

*

北京市艺辉印刷有限公司印刷装订 新华书店经销

787 毫米×1092 毫米 16 开本 6.5 印张 120 千字

2018 年 12 月第 1 版 2018 年 12 月第 1 次印刷

定价:18.00 元

读者服务部电话:(010)64929211/84209101/64921644

营销中心电话:(010)64962347

出版社网址:http://www.class.com.cn

前　言

为加快推进职业教育现代化与职业教育体系建设，全面提高职业教育质量，更好地满足中国（天津）职业技能公共实训中心的高端实训设备及新技能教学需要，天津海河教育园区管委会与中国（天津）职业技能公共实训中心共同组织，邀请多所职业院校教师和企业技术人员编写了"中天实训教程"丛书。

丛书编写遵循"以应用为本，以够用为度"的原则，以国家相关标准为指导，以企业需求为导向，以职业能力培养为核心，注重应用型人才的专业技能培养与实用技术培训。丛书具有以下特点：

以任务驱动为引领，贯彻项目教学。将理论知识与操作技能融合设计在教学任务中，充分体现"理实一体化"与"做中学"的教学理念。

以实例操作为主，突出应用技术。所有实例充分挖掘公共实训中心高端实训设备的特性、功能以及当前的新技术、新工艺与新方法，充分结合企业实际应用，并在教学实践中不断修改与完善。

以技能训练为重，适于实训教学。根据教学需要，每门课程均设置丰富的实训项目，在介绍必备理论知识基础上，突出技能操作，严格实训程序，有利于技能养成和固化。

丛书在编写过程中得到了天津市职业技能培训研究室的积极指导，同时也得到了天津职业技术师范大学、河北工业大学、红天智能科技（天津）有限公司、天津市信息传感与智能控制重点实验室、天津增材制造（3D打印）示范中心的大力支持与热情帮助，在此一并致以诚挚的谢意。

由于编者水平有限，经验不足，时间仓促，书中的疏漏在所难免，衷心希望广大读者与专家提出宝贵意见和建议。

编审委员会

内容简介

3D 打印技术又称增材制造技术，在航空航天、汽车、电子、医疗等诸多领域都有广阔的应用前景。本教材采用项目—任务式的编写模式，深入浅出地阐述了 3D 打印技术的原理和应用，重点阐述了 3D 打印模型构建技术以及桌面型 FDM 3D 打印机和工业型 SLA 3D 打印机应用技术。本教材内容实用性强，实例丰富，图文并茂，形象直观，有利于学员学习和掌握。

本教材可供职业院校、技工院校等开展 3D 打印技术实训使用，也可作为职业培训和在岗工程技术人员的培训教材。

目 录

项目四　工业型 SLA 3D 打印机应用

参考文献

项目一

认识 3D 打印技术

【学习目标】

通过本项目的学习，掌握 3D 打印技术的基本概念和原理，理解 3D 打印技术与传统加工方法的本质区别，了解 3D 打印技术的优势及应用领域，掌握 3D 打印技术的主要实现方法（工艺路线），为后续深入学习 3D 打印技术奠定基础。

【知识要点】

◆ 3D 打印技术的概念。
◆ 3D 打印技术的原理及流程。
◆ 3D 打印工艺的分类。
◆ 3D 打印技术的特点及应用领域。

3D 打印（3D Printing）技术是 20 世纪 80 年代末期发展起来的一种制造技术，它将计算机辅助设计（CAD）、计算机辅助制造（CAM）、计算机数字控制（CNC）技术、激光、新材料、精密伺服等先进技术融于一体，利用分层叠加的原理，实现从三维 CAD 模型到物理实体制作的一体化。3D 打印技术能够迅速地将设计转变成实物，而且不受零件复杂程度的限制。概括地说，3D 打印技术是由 CAD 模型直接驱动并利用分层制造原理，快速制造任意复杂形状三维实体的技术总称。

任务一　3D 打印技术的原理与流程

一、3D 打印技术的原理

概括地说，3D 打印是一种分解、组合的过程，如图 1—1 所示。首先利用三维 CAD 软件设计出零件的三维模型（CAD 模型），接着对该模型做近似处理（生成 STL 文件），然后根据工艺要求将 STL 文件 Z 向离散化（切片或分层），把三维模型变成一系列二维截面轮廓的集合，再根据这些截面轮廓，选择合适的参数，生成数控指令（NC 代码），3D 打印机根据这些指令加工出一系列的薄片，并将这些薄片通过一定的方式（粘接、烧结、固化等）连接在一起，就得到了三维物理实体。因此，可以说，3D 打印的零件是分层"增

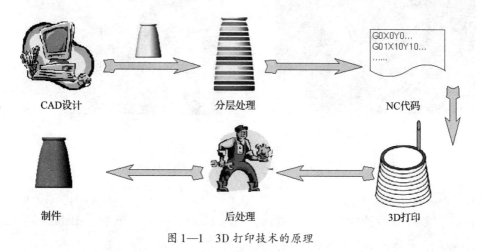

CAD设计　　　　　　分层处理　　　　　　NC代码

制件　　　　　　后处理　　　　　　3D打印

图 1—1　3D 打印技术的原理

长"出来的，因而 3D 打印又称为"增材制造"，这与传统机械加工的"去除法"加工有着本质的区别。

3D 打印的成型过程为分层制造，无论多么复杂的零件，成型头的运动轨迹都是二维轮廓，也正因为如此，3D 打印的成型难度与零件的复杂程度无关。

二、3D 打印技术的流程

3D 打印过程通常包括 CAD 建模、数据处理、3D 打印和后处理四个环节，如图 1—2 所示。

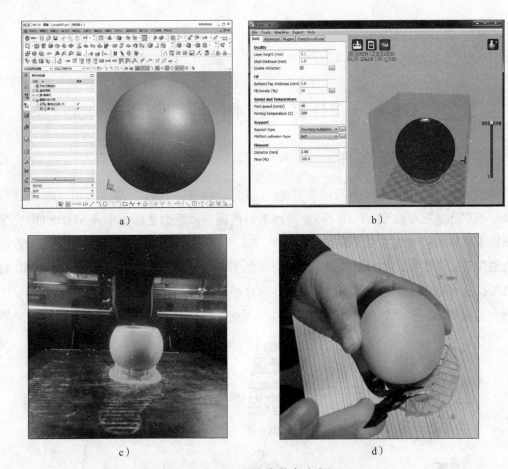

a)　　　　　　　　　　　　　　　　b)

c)　　　　　　　　　　　　　　　　d)

图 1—2　3D 打印技术的流程

a) CAD 建模　b) 数据处理　c) 3D 打印　d) 后处理

1. CAD 建模

利用三维 CAD 设计软件（如 CATIA、UG、Pro/Engineer、犀牛、3DMax 等）设计三维 CAD 模型，并将模型保存为 STL 格式的文件。

2. 数据处理

利用3D打印数据处理软件读入 STL 文件，通过编辑操作确定零件成型方向、排布零件、添加支撑结构，然后切片分层，生成3D打印机能够识别的加工程序（NC 代码）。

3. 3D 打印

将数据处理软件中得到的加工程序（NC 代码）传送到3D打印机上，3D打印机根据数控程序逐层打印零件，完成零件制作。

4. 后处理

将打印完成的零件由打印机上取出，利用后处理工具（偏口钳、铲子、砂布等）去除支撑结构，清理零件表面，获得满足要求的零件。

【知识巩固】

1. 什么是3D打印？3D打印与传统加工方法的本质区别是什么？
2. 3D打印的基本原理是什么？
3. 说明3D打印的过程。

任务二　3D 打印工艺的分类

目前，3D打印的实现方式有很多种，不同实现方式（工艺）采用的打印材料、使用的打印设备各不相同。为便于读者更好地学习3D打印技术，本书根据使用材料性状的不同，将3D打印工艺分为四大类，即基于丝状材料的3D打印工艺、基于液态光敏树脂的3D打印工艺、基于粉末材料的3D打印工艺和基于片状材料的3D打印工艺，见表1—1。

表1—1　　　　3D打印工艺的种类

种类	成型技术	打印材料	代表厂商
基于丝状材料的3D打印工艺	熔融沉积成型（FDM）	热塑性塑料、共熔金属、石蜡、低熔点合金丝等	Stratasys（美）
基于液态光敏树脂的3D打印工艺	光固化成型（SLA）	光敏树脂	3D System（美）
	数字光处理（DLP）	光敏树脂	EnvisionTec（德）
	聚合体喷射（PI）	光敏树脂	Stratasys（美）
基于粉末材料的3D打印工艺	直接金属激光烧结（SLM）	金属粉末	EOS（德）
	电子束烧结（EBM）	金属粉末	Arcam（瑞典）

续表

种类	成型技术	打印材料	代表厂商
基于粉末材料的 3D打印工艺	选择性激光烧结（SLS）	热塑性粉末、金属粉末、陶瓷 粉末、覆膜砂等	3D System（美）
	选择性黏结（3DP）	石膏、沙子	3D System（美）
基于片状材料的 3D打印工艺	分层实体制造（LOM）	纸、塑料薄膜、金属箔	CubicTec（美）

一、基于丝状材料的3D打印工艺

1. 原理

基于丝状材料的3D打印工艺中典型的为FDM（Fused Deposition Modeling，即熔融沉积成型）工艺，FDM工艺的成型原理如图1—3所示。喷头在计算机的控制下，根据截面轮廓信息，做X—Y平面内运动和高度Z方向的运动。热塑性原料丝（如ABS丝、PLA丝、腊丝、尼龙丝等）由供丝机构送至喷头，并在喷头中加热至熔融状态，然后被选择性地涂覆在工作台上，快速冷却后形成截面轮廓。一层成型完成后，喷头上升一截面层的高度，再进行下一层的涂覆，如此循环，最终形成三维产品。

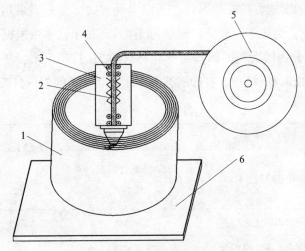

图1—3　FDM工艺原理

1—工件　2—加热丝　3—喷头　4—供丝机构　5—原料丝　6—工作台

这种工艺的成型厚度一般为0.15～0.5 mm，由于不使用激光器，设备成本较低，材料利用率高，成型后制件表面有较明显的条纹。

2. 典型设备及制件

基于丝状材料的3D打印工艺主要设备有美国 Stratasys 公司的 FDM123 系列、中国太尔时代公司的 UP 系列和目前市场上种类繁多的开源 3D 打印机。这种工艺设备结构简单，成型材料价格低廉，便于推广和普及。如图 1—4 所示为 FDM 工艺用成型丝材和设备，图 1—5 所示为 FDM 工艺的典型制件。

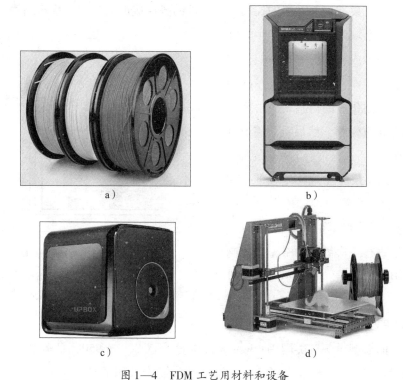

图 1—4　FDM 工艺用材料和设备

a）FDM 成型材料　b）FDM 成型设备（Stratasys 公司）

c）UP BOX 3D 打印机　d）开源 3D 打印机

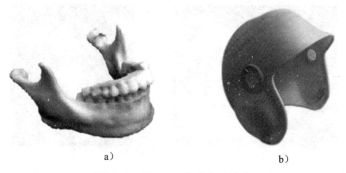

图 1—5　FDM 工艺的典型制件

a）下颌骨　b）头盔

二、基于液态光敏树脂的3D打印工艺

1. 原理

典型的基于液态光敏树脂的3D打印工艺为SLA（StereoLithography Apparatus，即立体印刷成型）工艺，SLA工艺的成型原理如图1—6所示。液槽中盛满液态光敏树脂，激光器发出的紫外激光束在控制系统的控制下按零件的各层截面信息在光敏树脂表面进行逐点扫描，被扫描区域的树脂薄层产生光聚合反应而固化，形成零件的一个薄层。一层固化完毕后，工作台下移一个层厚的距离，以便在原先固化好的树脂表面再敷上一层新的液态光敏树脂，然后刮板将黏度较大的树脂液面刮平，再进行下一层的扫描加工，新固化的一层牢固地黏结在前一层上，如此重复直至整个零件制造完毕。

制件成型完毕并从树脂液中取出后，需在紫外光下进行二次固化，SLA工艺制件精度高，但韧性较差，一般不能进行机加工。

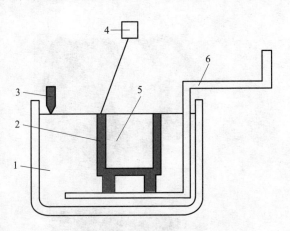

图1—6 SLA工艺原理

1、5—液态光敏树脂 2—制件

3—刮板 4—激光器 6—升降工作台

2. 典型设备及制件

SLA工艺的典型设备有美国3D System公司的ProX 800 & 950、日本CMET公司的EQ系列。国产设备有西安交通大学的SPS系列和上海联泰公司的lite系列。SLA工艺制件精度高、表面质量好，但设备对环境要求高，通常需要恒温、恒湿空间。如图1—7所示为SLA工艺的典型制件。

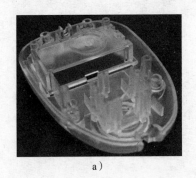

a)　　　　　　　　　　　b)

图1—7 SLA工艺典型制件

a) 壳体 b) 支架

三、基于粉末材料的 3D 打印工艺

1. 原理

在基于粉末材料的 3D 打印工艺中，最典型的是 SLS（Selective Laser Sintering，即选择性激光烧结）工艺。SLS 工艺利用粉末（一般为高分子粉末、金属粉末或陶瓷粉末）作为成型材料，设备上拥有两个活塞缸，左边为料缸，右边为成型缸，其成型原理如图 1—8 所示。首先，铺料辊将粉末材料铺平，控制系统控制激光束按照该层的截面轮廓形状在成型缸上扫描，使粉末材料熔化烧结。当一层截面烧结完成后，料缸上升一个层厚的高度，成型缸下降一个层厚的高度，铺料辊将粉料由料缸推送至成型缸，在成型缸上已成型轮廓面上均匀地铺一层粉末，激光扫描下一层截面轮廓，并与前一层截面烧结在一起，如此往复，直至完成整个制件。

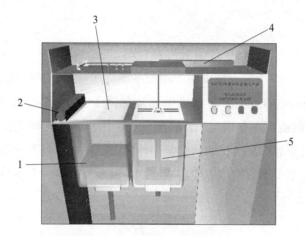

图 1—8　SLS 工艺原理

1—料缸　2—铺料辊　3—成型粉末　4—激光器　5—成型缸

2. 典型设备及制件

SLS 工艺的主要设备有美国 3D System 公司的 sPro™60、ProX®SLS500 和德国 EOS 公司的 EOSINT P396/P760，国产设备包括北京隆源自动成型有限公司的 Laser Core 系列和华中科技大学的 HRPS 系列。SLS 工艺的特点是成型材料选取广泛，原则上任何可熔或表面可熔的粉末材料都可以用来制造制件。如利用覆膜砂可以打印铸造用的砂模，利用 PS（聚苯乙烯）粉末可以打印熔模铸造的蜡模，用这两种方式可以间接生产金属制件。典型制件如图 1—9 所示。

a）   b）

图 1—9　SLS 工艺典型制件

a）SLS 工艺生产的叶轮　b）以 SLS 原型件为蜡模精铸的金属制件

四、基于薄片状材料的3D打印工艺

1. 原理

典型的基于薄片状材料的 3D 打印工艺为 LOM（Laminated Object Manufacturing，即分层实体制造）工艺。LOM 工艺设备由激光切割系统、送料辊、热压机构、可升降工作台、计算机控制系统等组成。LOM 工艺的成型原理如图 1—10 所示，送料辊将薄片形材料（如底面涂有热熔胶的纸）逐步送至工作台上方，热压机构将其与工作台上的材料黏合在一起，激光切割系统按照计算机提取的横截面轮廓线，在工作台上方的材料上切割出轮廓线，并将无轮廓区切割成小方网格以便在成型之后剔除。网格的大小根据被成型件的形状

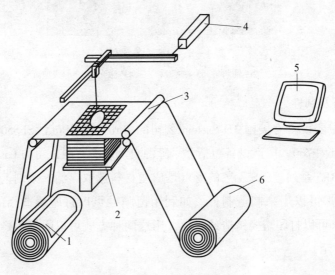

图 1—10　LOM 工艺原理

1—废料辊　2—可升降工作台　3—热压机构　4—激光切割系统　5—计算机控制系统　6—送料辊

复杂程度选定。网格越小，越容易剔除废料，但花费时间较长，否则反之。可升降工作台用以支撑成型的工件，并在每层成型之后，降低一个材料层厚度，以便送进、黏合和切割新的一层材料。如此往复，最终形成三维工件。如图1—11所示为LOM制件的成型过程。

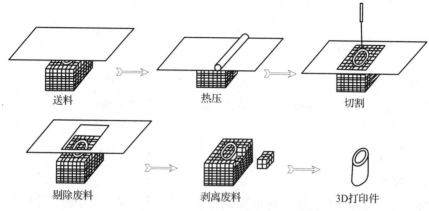

图1—11 LOM制件的成型过程

2. 典型设备及制件

目前采用LOM工艺的设备很少，曾采用过的LOM工艺典型设备有美国Helisys公司的LOM1015Plus/2030H、清华大学的SSM500等。目前，采用LOM工艺的设备有南京紫金立德的SD300。LOM工艺成型精度高，但材料利用率较低。如图1—12所示为LOM工艺的典型制件。

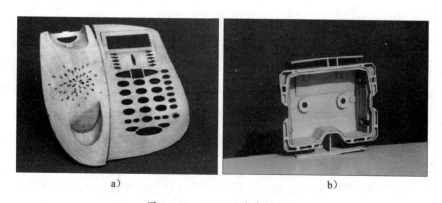

图1—12 LOM工艺典型制件

a）电话机 b）壳体

【知识巩固】

1. 说明3D打印技术的分类及各自特点。

2. 查阅资料，每种 3D 打印技术找出一种典型设备，并了解其技术参数。

任务三　3D 打印技术的特点及应用领域

一、3D 打印技术的特点

3D 打印技术作为一种全新的制造技术，与传统加工方式相比，具有以下特点：

1. 采用三维 CAD 模型直接驱动，实现了设计、制造的一体化

3D 打印技术的一个最显著特点就是设计、制造的一体化。在获得零件 CAD 模型后，经过简单的数据处理就能完成零件的加工，3D 打印技术打通了设计、制造之间的通道。

2. 高度柔性

这种加工方法无须任何专用夹具和模具，零件的形状和结构也相对不受限制，因而具有极大的柔性，可以对复杂零件直接成型。

3. 材料的广泛性

3D 打印技术不但可以制造树脂、塑料、纸基零件，还可以制造石蜡、砂型、陶瓷零件，甚至金属零件，可使用的成型材料十分广泛。

二、3D 打印技术的应用领域

基于以上特点，3D 打印技术可以应用于非常广泛的场合。

1. 产品设计领域

在新产品造型设计过程中，应用 3D 打印技术为工业产品的设计开发人员建立了一种崭新的产品开发模式。设计开发人员运用 3D 打印技术能够快速、直接、精确地将自己的设计思想转化为具有一定功能的实物模型（样件），用以判断产品是否美观、实用。这不仅缩短了开发周期，而且降低了开发费用，使企业在激烈的市场竞争中占有先机。

2. 建筑领域

建筑模型的传统制作方式渐渐无法满足高端设计项目的要求，如今众多设计机构的大型设施或场馆都利用 3D 打印技术先期构建精确建筑模型来进行效果展示。另外，利用 3D 打印技术建造房屋的技术也逐渐从实验室走进了人们的视野。

3. 机械制造领域

由于 3D 打印技术自身的特点，使得其在机械制造领域内获得广泛的应用，利用 3D 打印技术制造单件、小批量的金属零件有着得天独厚的优势。如采用金属粉末选择性熔化

工艺可以直接制作金属零件；利用 SLS 工艺可以制作铸造用的砂型，然后在砂型中浇注铁水，即可获得金属零件；利用 SLS 工艺可以制作 PS（聚苯乙烯）材料的蜡模，与熔模铸造技术相结合可以制作金属零件。

4. 模具制造领域

传统的模具制造领域，往往模具生产时间长，成本高。将 3D 打印技术与传统的模具制造技术相结合，可以大大缩短模具制造的开发周期，提高生产率，是解决模具设计与制造薄弱环节的有效途径。3D 打印技术在模具制造方面的应用可分为直接制模和间接制模两种。直接制模是指采用 3D 打印技术直接堆积制造出模具；间接制模是先制出 3D 打印零件，再由零件复制得到所需要的模具。

5. 医疗领域

近几年来，人们对 3D 打印技术在医学领域的应用研究较多。以医学影像数据为基础，利用 3D 打印技术制作人体器官模型，对外科手术有极大的应用价值。同时，在利用 3D 打印技术制作移植组织方面，也已经获得了极大的成功。

3D 打印技术的应用很广泛，可以相信，随着 3D 打印技术的不断成熟和完善，它将会在越来越多的领域得到推广和应用。

【知识巩固】

1. 简要说明 3D 打印的优势。
2. 3D 打印技术的应用领域有哪些？

项目二

模型构建（基于 Unigraphics NX）

3D 模型构建是实现 3D 打印的基础，有了 3D 模型才能用 3D 打印机完成制作。常用的三维设计软件有 Unigraphics NX、Catia、Pro/E（Pro/Engineer）、犀牛、3D Max 等，本实训教程以 NX 10.0 为工具介绍 3D 模型的构建方法。

UG 是 Siemens PLM Software 公司开发的一个产品工程解决方案，它为用户的产品设计及加工过程提供了数字化造型和验证手段。UG 是一个交互式 CAD/CAM（计算机辅助设计与计算机辅助制造）系统，它功能强大，可以轻松实现各种复杂实体及造型的建构。

任务一　熟悉 NX 10.0 界面

一、启动 NX

选择开始菜单中的【程序】/【Siemens NX 10.0】/【NX 10.0】命令或桌面上的 NX 10.0 命令，启动 NX 10.0，初始界面如图 2—1 所示。

图 2—1　NX 10.0 初始界面

二、打开工作界面

在初始界面的工具栏中单击【新建】图标，系统弹出"新建"对话框，选择【模型】，制定文件名和文件存储路径，单击"确定"按钮，打开 NX 10.0 的工作界面，如图 2—2 所示。NX 10.0 工作界面各功能区域介绍见表 2—1。

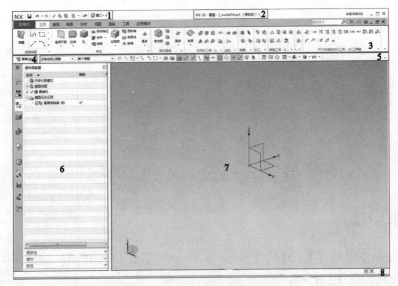

图 2—2 NX 10.0 的工作界面

1—快速访问工具条 2—标题栏 3—Ribbon 工具栏 4—菜单栏

5—选择工具条 6—导航栏 7—绘图区 8—状态/提示栏

表 2—1 　　　　　　　　　　NX 10.0 工作界面中各功能区域介绍

功能区域	相关说明
快速访问工具条	放置经常访问的命令，如保存、撤销、剪切、复制、粘贴、设置触屏模式等
标题栏	显示软件的版本、调用的模块、当前文件名称以及修改状态
Ribbon 工具栏	以按钮的方式提供各种常用的工具命令，有利于提高操作速度
菜单栏	单击菜单栏中的各项均可打开各层子菜单，菜单栏中各项包括了 NX 10.0 的大部分功能，用户可根据需要选择相应的菜单来实现命令的调用
选择工具条	包括【类型过滤器】列表和【选择范围】列表，用于过滤对象的某些特征作为备选项，另外还包括多个捕捉按钮，不同命令激活状态下，有不同按钮可供选择，选择对象时用户可根据实际需要选择
导航栏	包含部件导航器、装配导航器、约束导航器、角色导航器等资源
绘图区	显示图形、坐标系和建模过程中参数的输入
状态/提示栏	状态栏显示当前操作步骤或当前操作的结果，提示栏显示命令执行过程中需要用户做出的下一步操作

三、设置用户界面

如果用户习惯了 NX 8.5 之前的经典工具条界面，可以通过选择菜单栏中的【文件】/【实用工具】/【用户默认设置】命令，弹出"用户默认设置"对话框，在【基本环境】/【用户界面】/【用户界面环境】中选择【仅经典工具条】，如图 2—3 所示。重启 NX 10.0，新建模型，NX 10.0 的界面即恢复到经典模式。本教程考虑版本兼容性，使用经典界面，如图2—4 所示。

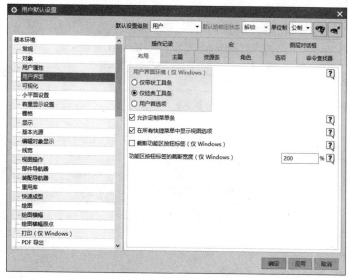

图 2—3　切换至经典界面

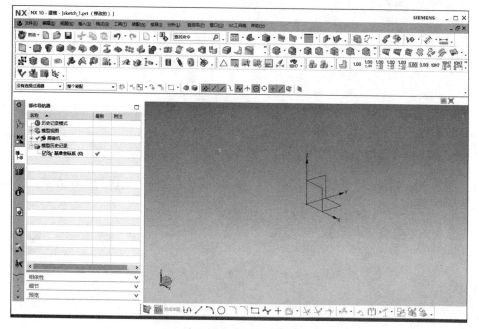

图 2—4　NX 经典界面

四、鼠标操作

在 NX 作业中，需要频繁使用鼠标，熟练掌握鼠标的使用方法非常重要。NX 鼠标的操作功能见表 2—2。

表 2—2   NX 鼠标基本操作

序号	鼠标操作	功能
1	单击左键	用于选择菜单命令或图形窗口中的对象
2	单击滚轮	相当于当前对话框中的默认按钮，多数情况下表示确定
3	单击右键	显示快捷菜单
4	Shift + 单击左键	在图形窗口中可取消对已选择对象的选取，在列表框中选中连续区域的所有条目
5	Ctrl + 单击左键	在列表框中选择多个条目
6	拖动滚轮	在图形窗口中旋转对象
7	滚动滚轮：也可同时按住 Ctrl 键和滚轮，或同时按住左键和滚轮，拖动	在图形窗口中缩放对象
8	同时按住滚轮和右键，或同时按住 Shift 键和滚轮，拖动	在图形窗口中平移对象

【知识巩固】

1. 熟悉 NX 界面，熟练掌握经典工具条界面和带状工具条界面的切换方法。

2. 利用 NX 打开"QQ. prt"文件，练习鼠标操作。

3. 掌握 NX 中的基本命令。

任务二 绘 制 草 图

一、绘制草图基础

草图是 NX 建模的重要工具，绘制草图是 NX 建模的基础。在三维建模过程中，通常是先绘制二维草图，再通过对草图轮廓的拉伸、旋转、扫掠等操作生成实体或片体模型。

1. 创建草图

在建模模块中，选择【菜单】/【插入】/【任务环境中的草图】命令或单击工具栏中图标，弹出"创建草图"对话框（见图 2—5），其主要选项说明如下。

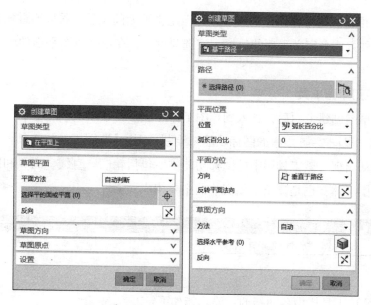

图 2—5 "创建草图"对话框

（1）草图类型。该选项主要用于确定草图的创建是在平面上或是基于路径。

【在平面上】——定义草图的工作平面为某一平面，可以是基准平面或对象上的平面。

【基于路径】——定义草图的工作平面为曲线或轮廓轨迹某点处切矢的法平面。

【在平面上】和【基于路径】是不同的草图绘制平面确定方法，确定草图绘制平面之后的操作基本一致。本实训教程主要介绍【在平面上】的创建方法。

（2）草图平面。选择【在平面上】方式创建草图平面时，可以在【平面方法】下拉列表框中通过选择【自动判断】、【现有平面】、【创建平面】和【创建基准坐标系】的方式来指定草图绘制平面，并可以根据需要单击【反向】图标来更改所指定草图绘制平面的法向。

（3）草图方向。用于对已指定的草图平面的水平方向或垂直方向进行重新设定，二者设定其一即可。设定时，在【参考】下拉列表框中选择【水平】或【垂直】，然后指定水平或垂直的线、边或者坐标轴。也可根据需要单击【反向】图标来更改草图绘制平面的水平轴或垂直轴的方向。

（4）草图原点。用于对已创建的草图平面的坐标原点进行重新设定。设定方法可以指定原点坐标或选择已存在的点。

（5）轨迹。用于选择曲线或边，只有在定义草图平面的类型为基于路径时才出现。

（6）平面位置。用于在所选的曲线或边上定义平面的位置，可以通过弧长、弧长百分比和通过点三种方式来定义平面的位置。该选项也只有在定义草图平面的类型为基于路径时才出现。

2. 正确使用草图工具

在定义好草图创建平面后，进入到草图工作环境。在草图工作环境中，可通过【草图工具】工具栏（见图 2—6）中的图标功能来绘制草图。【草图工具】工具栏会在进入草图工作环境时自动出现。该工具栏中的图标功能主要包括轮廓、直线、圆弧和圆等，它们可以生成单个草图实体，也是复杂草图实体的主要构成元素。

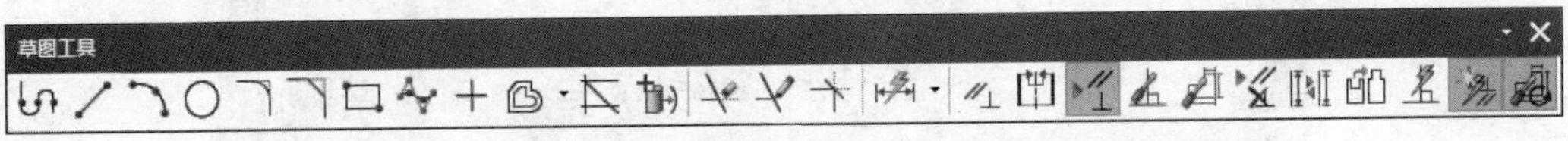

图 2—6　草图工具

【草图工具】工具栏中各图标的主要功能如下：

（1）轮廓——用于以线串模式创建一系列相连的直线或圆弧。

（2）直线——用于在视图区域通过指定两点来绘制直线。

（3）圆弧——可通过三点或中心和端点的方式创建圆弧。

（4）圆——可以通过圆心和直径或三点的方式创建圆。

（5）矩形——通过两点、三点或通过中心创建矩形。

（6）多边形——可以通过指定边数和内切圆、外接圆半径来创建正多边形。

3. 草图约束

（1）草图控制点。对于每一条曲线，都有相应的点对其进行控制，在对草图进行约束时，常常需对其控制点进行相应的约束。几种常见曲线类型和控制点见表2—3。

表2—3 曲线类型和控制点

序号	曲线类型	控制点
1	直线	中点　端点　端点
2	圆弧	中点　端点　端点
3	圆	中心点
4	样条曲线	节点

（2）自由度与约束。绘制草图时，图元（直线、圆弧、样条曲线）具有若干个自由度，用户可以用鼠标拖动的方式改变图元控制点的位置，进而改变图元的大小和位置。当对图元或其控制点施加约束后，图元的自由度被部分或全部限制，自由度数量减少，当所有自由度都被限制后，自由度为零，图元的大小和位置被唯一确定。

例如，一条直线具有四个自由度，两个端点分别可以沿 X 轴或 Y 轴移动，所以直线具有沿 X 轴方向平移、Y 轴方向平移、直线长度和直线角度（旋转）四个自由度。当对其施加水平约束后，两端点的 Y 轴坐标被限制为相等，直线自由度变为三个，即 X 轴方向平移、Y 轴方向平移和直线长度，直线角度（旋转）自由度被限制。

因此，在绘制草图时，可以先不考虑草图曲线的精确位置与尺寸，待完成草图基本轮廓的绘制后，再对草图对象进行约束。通常草图的约束包括尺寸约束和几何约束。

1）尺寸约束。尺寸约束不仅可以定义草图对象的形状尺寸，还可定义草图对象之间的相对位置关系。在菜单栏中选择【插入】／【尺寸】／【快速】命令，系统弹出"快速尺寸"对话框（见图2—7），不同的尺寸约束通过对话框中的测量方法指定，各方法含义如下：

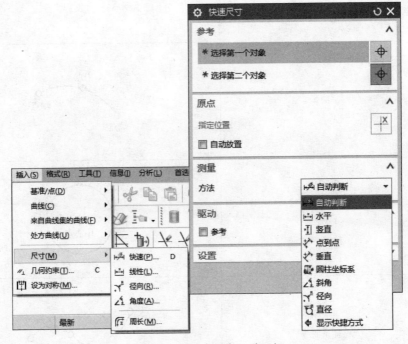

图 2—7　"快速尺寸"对话框

【自动判断】——通过选定的对象或者光标的位置自动判断尺寸的类型来创建尺寸约束。

【水平】——在两点之间创建水平尺寸的约束。

【竖直】——在两点之间创建竖直距离的约束。

【点到点】——在两点之间创建平行距离的约束。

【垂直】——在点和直线之间创建垂直距离的约束。

【圆柱坐标系】——在圆柱结构上标注直径尺寸。

【斜角】——在两条不平行的直线之间创建角度约束。

【径向】——对圆弧或圆创建半径约束。

【直径】——对圆弧或圆创建直径约束。

以上约束项目也可在选择对象后，通过弹出的快捷菜单选择。

2）几何约束。几何约束应用于草图对象之间、草图对象和曲线之间，以及草图对象和特征之间，主要包括对象固定、水平、竖直、相切、互相垂直、同心等。选择不同的对象，其几何约束情况也不一样。

在菜单栏中选择【插入】/【几何约束】命令，系统弹出"几何约束"对话框，如图 2—8 所示。不同的几何约束类型可以在约束选项中指定，其含义如下：

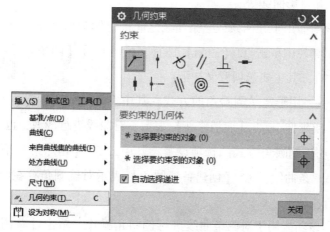

图 2—8　几何约束对话框

【重合】——约束两个或多个点重合。

【点在曲线上】——约束所选点在指定的曲线上。

【相切】——约束两个所选对象相切。

【平行】——约束两条或多条直线相互平行。

【竖直】——约束所选直线为竖直线。

【水平】——约束所选直线为水平线。

【垂直】——约束两条或多条直线相互垂直。

【中点】——约束所选点位于所选曲线的中点处。

【共线】——约束两条或多条直线共线。

【同心】——约束两个或多个圆、圆弧或椭圆同心。

【等长】——约束两条或多条直线长度相等。

【等半径】——约束两个或多个圆弧或圆的半径相等。

选择好约束形式后，选择不同的对象，单击"确定"按钮，完成约束施加。

（3）草图约束的状态。包括过约束、完全约束和欠约束三种状态。

1）过约束。过约束是指对其控制点的约束超过了三个自由度，如对某个或某几个自由度进行了重复约束。

2）完全约束。完全约束是指对草图的三个自由度都进行了约束。

3）欠约束。欠约束是指对象在平面内处于游离状态，欠约束是不可行的。

4．编辑草图对象

除了使用草图工具绘制草图对象外，也可以使用草图工具来辅助创建草图对象，如草图编辑、镜像曲线和投影曲线等。

（1）圆角。该功能用于在两条或三条曲线之间进行倒圆角操作。在【草图工具】工具栏中单击 ⌐ 【圆角】图标，系统打开【圆角】工具栏（见图2—9），其主要选项意义如下：

图2—9　圆角工具

【圆角方法】——用于定义倒圆角的方式，其中 ⌐ 【修剪】表示对曲线进行裁剪或延伸， ⌐ 【取消修剪】表示不对曲线进行裁剪，也不延伸。

【选项】——用于倒圆角方式的选项设置，其中， ⌐ 【删除第三条曲线】表示删除和该圆角相切的第三条曲线， ⌐ 【创建备选圆角】表示对倒圆角存在的多种状态进行变换。

（2）倒斜角。该功能用于对两条曲线进行倒斜角操作。单击【草图工具】工具栏中的 ⌐ 【倒斜角】图标，系统弹出"倒斜角"对话框（见图2—10），在窗口中选择两条欲修剪的曲线后，再对该对话框中的参数进行相应设置即可。

（3）快速修剪。该功能用于快速删除曲线、以任意方向将曲线修剪至最近的交点或选定的边界，对于相交的曲线，系统将曲线在交点处自动打断。单击 ⅄ 【快速修剪】图标，弹出"快速修剪"对话框，如图2—11所示，选择边界曲线和修剪曲线，完成曲线的修剪。

（4）快速延伸。该功能用于将曲线以最近的距离延伸到选定的边界。单击【草图工具】工具栏中的 ⅄ 【快速延伸】图标，即可打开"快速延伸"对话框，指定边界曲线和延伸曲线即可完成曲线延伸，如图2—12所示。

图2—10　"倒斜角"对话框

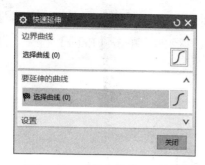

图 2—11　"快速修剪"对话框

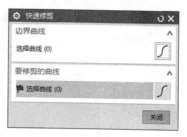

图 2—12　"快速延伸"对话框

二、绘制草图示例

利用草图工具绘制草图（见图 2—13），注意合理使用尺寸约束和几何约束，步骤如下。

1. 启动 NX，选择【文件】/【新建】命令，在打开的"新建"对话框中选择【模型】，输入文件名"sketch_1"，并设置文件存储路径，单击"确定"按钮。

2. 在菜单栏中选择【插入】/【在任务环境中绘制草图】命令或单击工具栏中 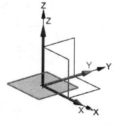 图标，打开"创建草图"对话框，系统提示选择草图平面，在绘图区选择 X—Y 平面，单击"确定"按钮进入草图环境，如图 2—14 所示。

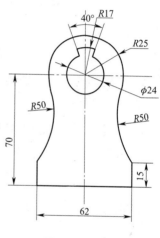

图 2—13　草图

图 2—14　"创建草图"对话框

3. 单击【草图工具】工具栏中的 ⭕【圆】图标，弹出【圆】工具条，单击坐标原点，移动鼠标拉出一个整圆，双击圆上尺寸，输入直径24，单击【Enter】键完成圆的绘制，如图 2—15 所示。

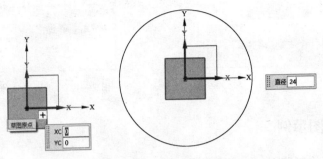

图 2—15 草图绘制画圆

4. 以同样的方式分别绘制以原点为圆心，半径为 $R25$ 和 $R17$ 的圆，如图 2—16a 所示。

5. 在【草图工具】工具栏中单击 ⌐【圆弧】图标，在 $R25$ 大圆的左侧圆上选取第一点，利用三点画弧命令绘制圆弧，同样方法绘制右侧圆弧，如图 2—16b 所示。

6. 在【草图工具】工具栏中单击 ╱ 图标，绘制轮廓，如图 2—16c 所示。

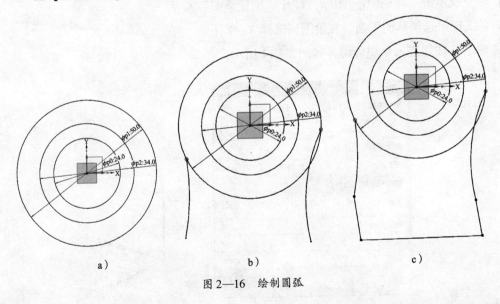

a)　　　　　　　　　b)　　　　　　　　　c)

图 2—16 绘制圆弧

7. 添加约束。选取 $\phi50$ 大圆和左侧圆弧，在弹出的快捷菜单中选择【相切约束】。同样，大圆与右侧圆弧选择【相切约束】。在底部的三条直线上分别添加水平约束和垂直约束，添加约束后的图形如图 2—17 所示。

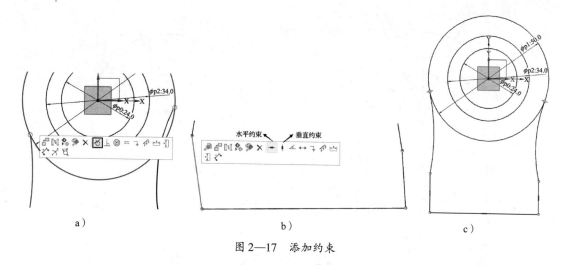

图 2—17　添加约束

8. 单击 图标，选择圆心与底边，标注圆心到底边的尺寸 70。双击底边长度尺寸和侧边高度尺寸，分别修改为 62 和 15，修改圆弧半径为 R50，如图 2—18a 所示。

9. 单击 图标，打开约束命令，在弹出的对话框约束选项中单击 图标，然后分别选择底边和坐标原点，添加中点约束，结果如图 2—18b 所示。

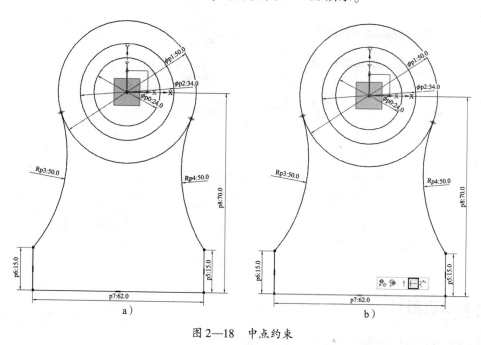

图 2—18　中点约束

10. 单击 图标，过圆心画两条直线，如图 2—19a 所示，单击 图标，标注两直线夹角为 40°，其中一条与 Y 轴夹角为 20°。结果如图 2—19b 所示。

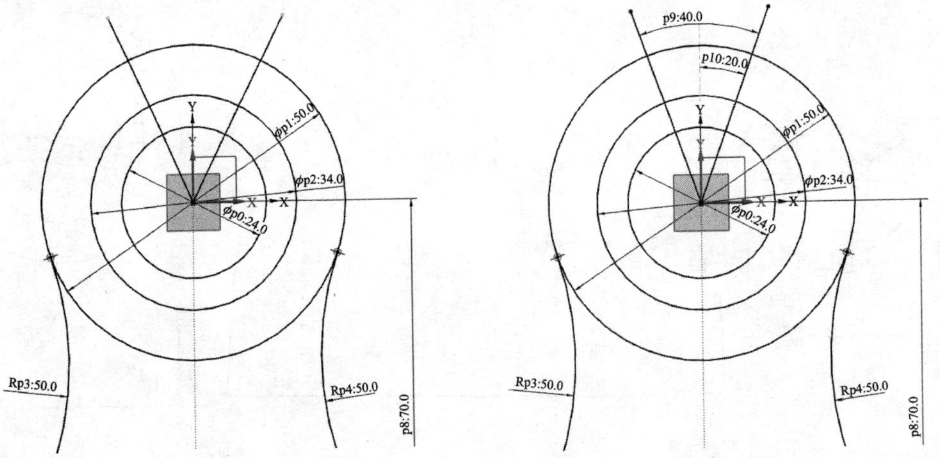

a）　　b）

图 2—19　角度标注

11．单击图标，选择圆和直线上不要的部分进行快速修剪，得到结果如图 2—20 所示。

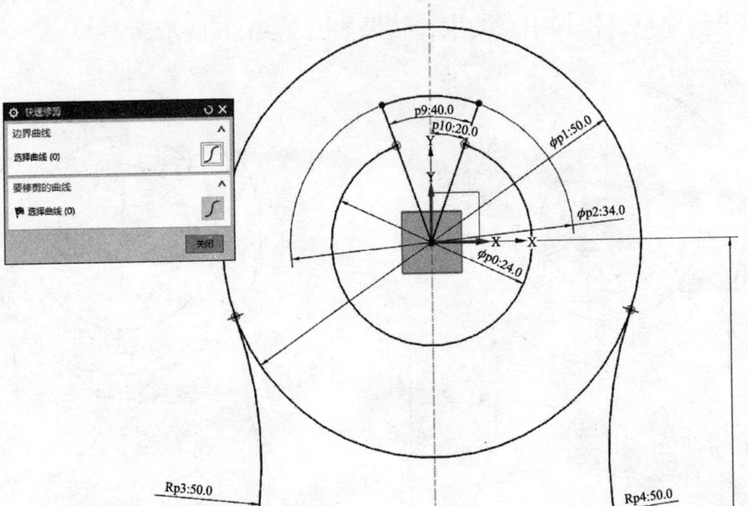

图 2—20　修剪图形

【知识巩固】

1．UG NX 中草图平面的创建有几种类型？

2．UG 草图由几部分组成？

3．完成图 2—21 和图 2—22 所示的草图绘制。

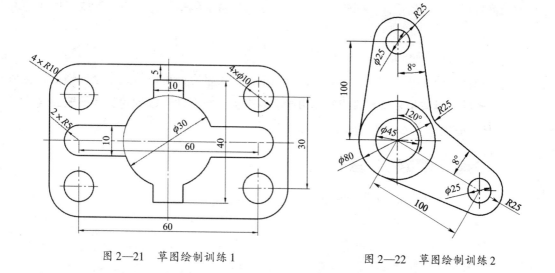

图 2—21　草图绘制训练 1　　　　　　图 2—22　草图绘制训练 2

任务三　UG 实体建模

一、实体建模基础

实体建模是通过构建体素和体素的集合运算生成复杂形体的一种建模技术。其特点在于三维立体的表面与其实体同时生成。

扫描特征是构建体素的主要方式，是利用截面线串沿着引导方向或引导线移动而得到三维实体或片体的方法。常用于规则几何形状的特征建模。扫描的特点是其所建立的模型与截面线串、引导方向或引导线具有相关性，对截面线串、引导方向或引导线的编辑会使所创建的模型随之更新。截面线串和引导线可以是实体边缘、面边界、二维曲线或草图等。

体素的集合运算又称为布尔运算，包括求和、求差和求交三种运算，其运算原理如图 2—23 所示。通过扫描体素和布尔运算可以构建复杂的实体。

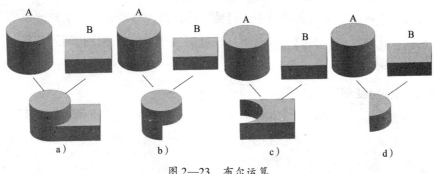

图 2—23　布尔运算

a）A 与 B 求和　b）A 与 B 求差（A－B）　c）A 与 B 求差（B－A）　d）A 与 B 求交

扫描特征主要包括拉伸、回转、扫掠，其中扫掠特征包括扫掠、沿引导线扫掠和管道等。

1．利用拉伸特征创建实体模型

将特征截面曲线沿着某个矢量方向进行扫描，该矢量方向可以是某个坐标轴方向、基准特征创建的矢量或是某条直线或实体边缘。对于板壳类零件可以创建其特征截面线并利用 拉伸特征创建实体模型，如图 2—24 所示。

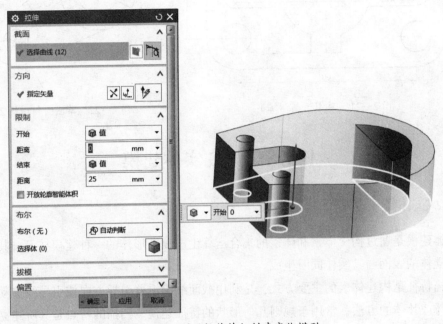

图 2—24　利用拉伸特征创建实体模型

2．利用回转特征创建实体模型

将特征截面线绕着回转轴进行扫描，该回转轴可以是某个坐标轴方向、基准特征创建的矢量或是某条直线或实体边缘。对于轴、盘类零件，其特征截面线可以在轴截面上获得，此外，该类零件的特征截面线基于回转轴对称，所以只需建立特征截面线的一半，如图 2—25 所示，选择 【回转】，然后将特征截面线绕着回转轴进行回转扫描，从而获得此类零件的实体模型。

3．利用扫掠特征创建实体模型

将截面曲线沿引导线串扫描成片体或实体，其截面曲线最少 1 条，最多 150 条。引导线最少 1 条，最多 3 条。对于异形曲面或实体可以利用 扫掠命令实现截面线沿引导线的扫掠，如图 2—26 所示。

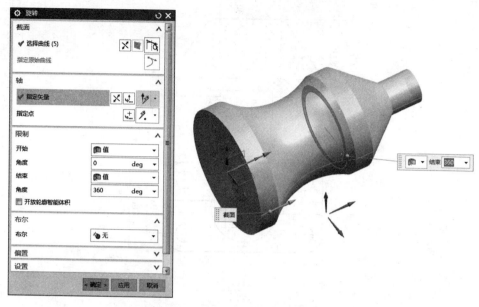

图 2—25 利用回转特征创建实体模型

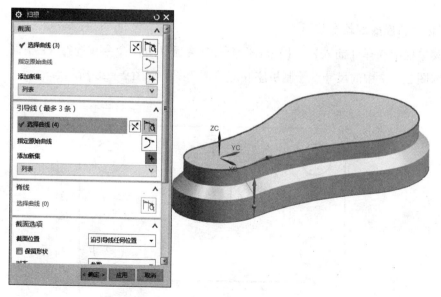

图 2—26 利用扫掠特征创建实体模型

二、实体建模示例

根据图 2—27 所示图样，完成实体建模，步骤如下。

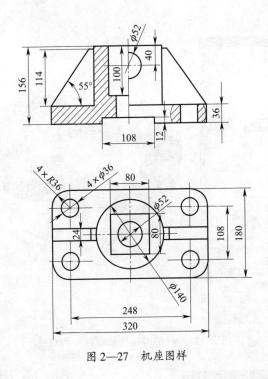

图 2—27 机座图样

1. 创建机座底部轮廓草图

在菜单栏中选择【插入】/【在任务环境中绘制草图】命令，选择 *XY* 平面为绘图平面，根据图 2—27 中的尺寸，绘制机座底部轮廓草图，如图 2—28 所示。

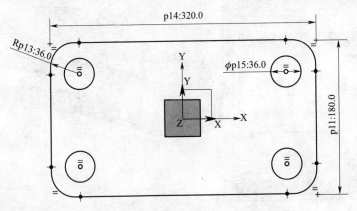

图 2—28 绘制机座底部轮廓曲线

2. 创建底座拉伸体

在菜单栏中选择【插入】/【设计特征】/【拉伸】命令或单击 图标，在工作区中选择图 2—28 所示的草图曲线为拉伸对象，设置拉伸距离为"36"mm，如图 2—29 所示，单击"确定"按钮。

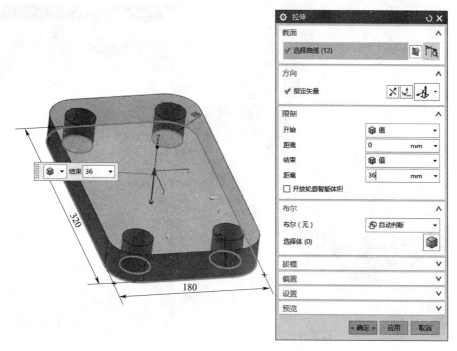

图 2—29　创建的底座拉伸体

3．绘制肋板轮廓曲线

在菜单栏中选择【插入】/【在任务环境中绘制草图】命令，选择 *XZ* 平面为草图绘制平面，绘制肋板轮廓曲线，如图 2—30 所示。

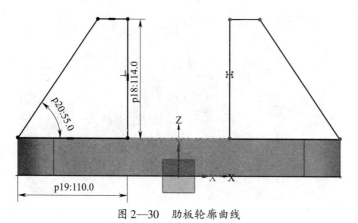

图 2—30　肋板轮廓曲线

4．创建肋板拉伸体

在菜单栏中选择【插入】/【设计特征】/【拉伸】命令或单击 图标，选择图 2—30 所示曲线，设置拉伸距离为从"－12"mm 开始到"12"mm 结束，如图 2—31 所示，单击"确定"按钮。

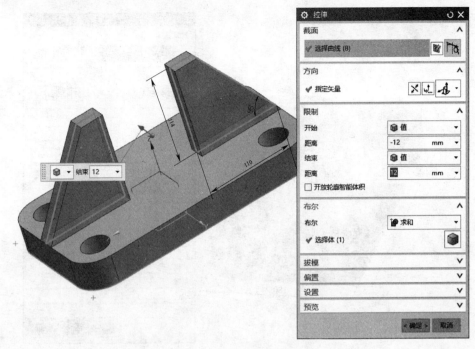

图 2—31 创建的肋板拉伸体

5. 绘制机座圆柱曲线

在菜单栏中选择【插入】/【在任务环境中绘制草图】命令，选择 *XY* 平面为绘图平面，绘制机座圆柱曲线，如图 2—32 所示。

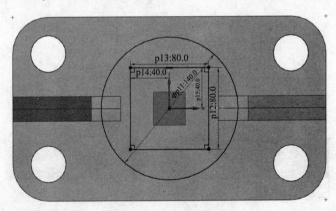

图 2—32 创建的圆柱曲线

6. 创建圆筒拉伸体

在菜单栏中选择【插入】/【设计特征】/【拉伸】命令或单击 图标，将选择过滤器设置为单条曲线（见图 2—33a），在工作区中选择图 2—33 中所示直径为"140" mm 的圆，设置拉伸距离为"0" mm 至"156" mm，将布尔运算设置为求和，结果如图 2—33b 所示。

a）

b）

图 2—33　创建圆柱拉伸体

7．创建方孔

在菜单栏中选择【插入】/【设计特征】/【拉伸】命令或单击 图标，将选择过滤器设置为相连曲线（见图 2—34a），在工作区中选择图 2—32 中所示绘制的矩形，【限制】值设置为开始"56"mm，结束"156"mm，【布尔】选项为求差，如图 2—34b 所示，然后单击"确定"按钮。

8．创建底座通孔

在菜单栏中选择【插入】/【设计特征】/【孔】命令或单击 图标，在对话框的【形状和尺寸】中【形状】选择【简单孔】，【直径】输入"52"mm，【深度限制】选择【贯通体】。在工作区中选择坐标原点，【布尔】选项选择【求差】，结果如图 2—35 所示，单击"确定"按钮。

9．创建底槽

在菜单栏中选择【插入】/【设计特征】/【拉伸】命令或单击 图标，单击"绘制"按钮 ，选择 XZ 平面为草图绘制平面，绘制底槽草图，如图 2—36a 所示，设置拉伸【限制】为【开始】"-90"mm，【结束】"90"mm，【布尔】选项设置为【求差】，如图 2—36b 所示。

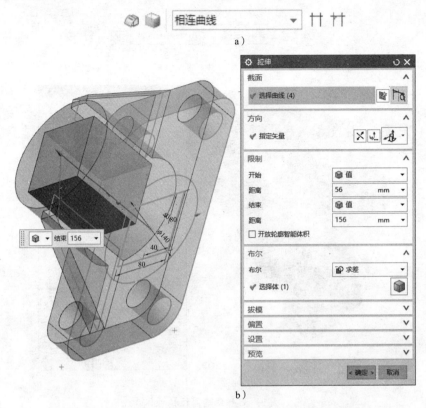

a）

b）

图2—34　创建方孔

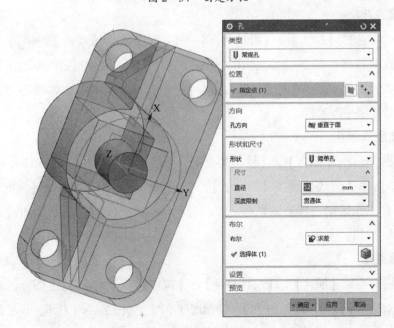

图2—35　创建的底座通孔

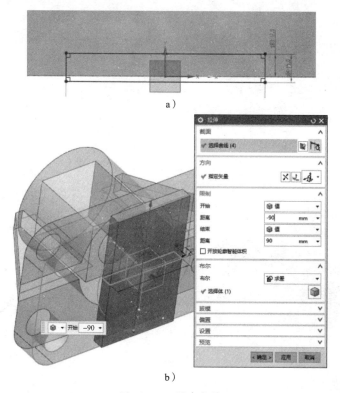

a)

b)

图 2—36 创建底槽

10. 创建圆筒通孔

在菜单栏中选择【插入】/【设计特征】/【拉伸】命令或单击 ▥ 图标，在弹出的对话框中选择【草图】选项，选择 *XY* 平面为绘图区，绘制直径为 52 mm 的圆，如图 2—37a 所示。完成草图后，设置拉伸距离以及【求差】命令，如图 2—37b 所示。

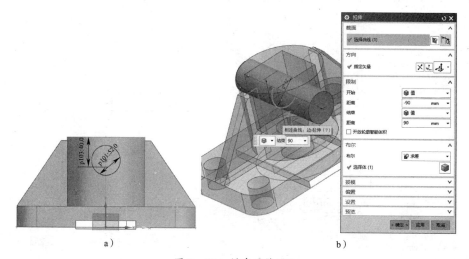

a)   b)

图 2—37 创建圆筒通孔

11. 建模完成

建模完成后的机座整体效果如图2—38所示。

【知识巩固】

1. 实体建模的基本方法是什么？
2. 完成图2—39所示实体模型的绘制。

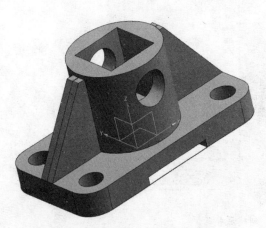

图2—38　创建完成的机座模型

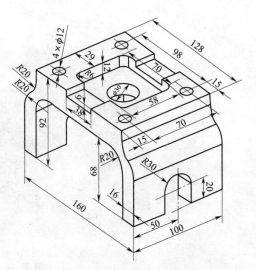

图2—39　实体模型绘制训练图样

任务四　构建螺旋千斤顶端盖模型

如图2—40所示为螺旋千斤顶的端盖图样，创建其实体模型。

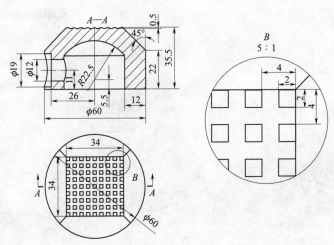

图2—40　螺旋千斤顶端盖图样

模型分析：由图 2—40 可知，模型主体由回转体和其左侧的沉孔组成，顶部为 2 mm × 2 mm 的矩形凸起。故建模思路为"回转成型模型主体"——创建沉孔——面切割获得顶部 45°斜面——阵列顶部矩形凸起。

一、创建回转草图

在菜单栏中选择【插入】/【在任务环境中绘制草图】命令，选择 YZ 平面作为草图绘制平面，绘制结果如图 2—41 所示。

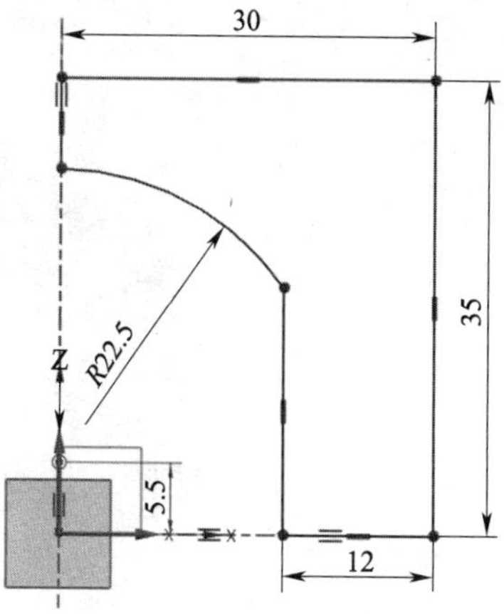

图 2—41　创建的回转草图

二、创建旋转实体

在菜单栏中选择【插入】/【设计特征】/【旋转】命令或单击 图标，在工作区中选择图 2—41 所示绘制的曲线，选择 Z 轴为旋转中心线，如图 2—42 所示，单击"确定"按钮。

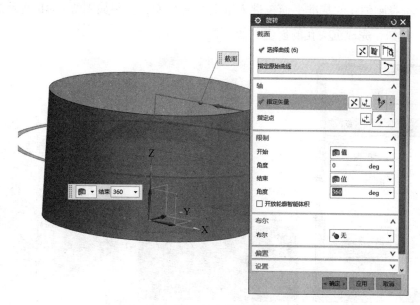

图 2—42　创建的旋转实体

三、创建沉孔

1. 在菜单栏中选择【插入】/【基准/点】/【基准平面】命令或单击 图标，弹出"基准平面"对话框，在工作区中选择 YZ 平面和回转体外表面，在角度选项中输入"180"，设置如图 2—43 所示，单击"确定"按钮完成基准平面的构建。

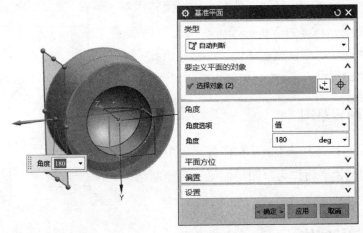

图 2—43　创建基准平面

2. 在菜单栏中选择【插入】/【设计特征】/【孔】命令或单击▣图标，在弹出的对话框中【形状和尺寸】的【形状】选择【沉头孔】，输入参数如图 2—44a 所示。然后在工作区中选择刚创建的基准平面，进入草图绘制界面，绘制如图 2—44b 所示的点，单击"确定"按钮，完成沉头孔的创建，如图 2—44c 所示。

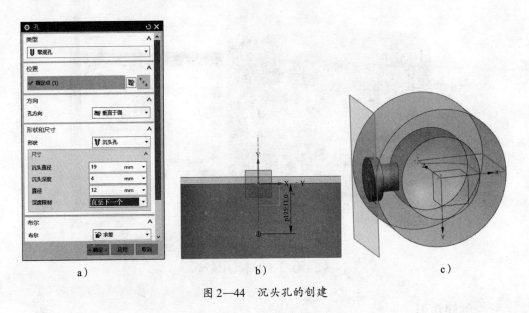

图 2—44　沉头孔的创建

四、创建顶部斜面

1. 在菜单栏中选择【插入】/【在任务环境中绘制草图】命令，选择 *YZ* 平面作为草图绘制平面，绘制结果如图 2—45 所示。

2. 在菜单栏中选择【插入】/【设计特征】/【拉伸】命令或单击 █ 图标，选择草图，在拉伸对话框中设置参数，如图 2—46 所示。

3. 在菜单栏中选择【插入】/【修剪】/【修剪体】命令，在弹出的对话框中，【目标】选择回转的实体，【工具】选择拉伸的平面，通过预览观察体保留的部分，若与期望的不一致，通过单击"反向"按钮切换，如图 2—47 所示。

4. 选中基准平面、草图和拉伸平面，按住"Ctrl + B"键，隐藏选中的对象。

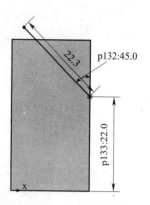

图 2—45　绘制草图

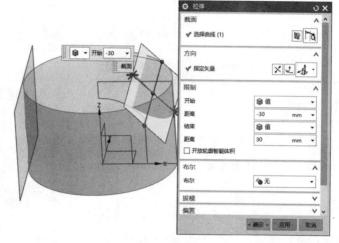

图 2—46　切割平面的拉伸

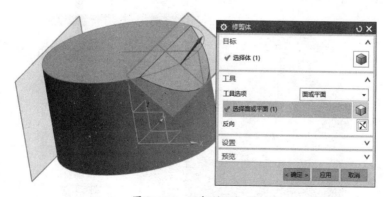

图 2—47　顶部斜面切割

5. 在菜单栏中选择【插入】/【关联复制】/【阵列特征】命令，在弹出的对话框中选择"切割的斜面"作为【要形成阵列的特征】，【布局】选择"圆形"，指定矢量为 Z 轴，其他设置如图 2—48 所示。

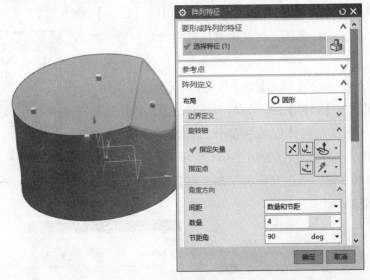

图2—48　阵列体分割特征

五、创建顶部凸起

1. 在菜单栏中选择【插入】/【在任务环境中绘制草图】命令，选择顶部平面作为草图绘制平面，绘制草图，如图2—49所示。

2. 在菜单栏中选择【插入】/【设计特征】/【拉伸】命令或单击📖图标，选择草图，在"拉伸"对话框中设置参数，如图2—50所示。

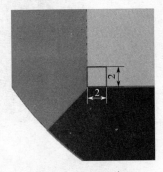

图2—49　绘制草图

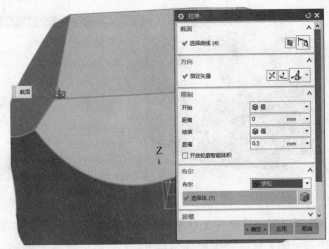

图2—50　顶部凸起拉伸

3. 在菜单栏中选择【插入】/【关联复制】/【阵列特征】命令，在弹出的对话框中选择"拉伸的凸起"作为【要形成阵列的特征】，【布局】选择"线性"，【方向1】指定矢量为 X 轴，【方向2】指定矢量为 Y 轴，其他设置如图2—51所示。

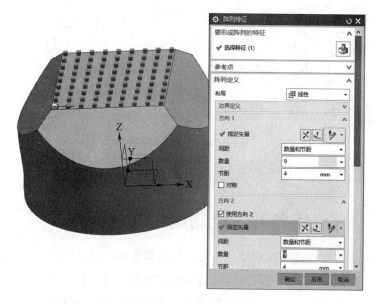

图2—51　阵列顶部凸起

设计完成的端盖模型如图2—52所示。

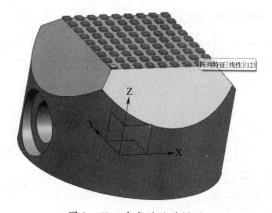

图2—52　完成的端盖模型

【知识巩固】

完成图2—53所示模型的绘制。

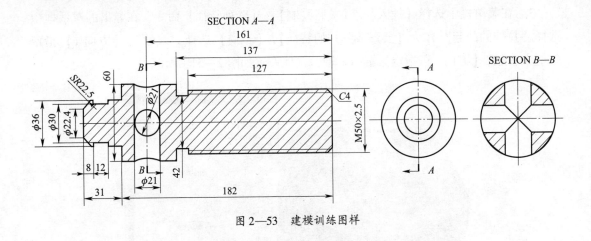

图 2—53　建模训练图样

任务五　绘制玩具飞机模型

如图 2—54 所示为玩具飞机模型工程图，绘制其实体模型。

模型分析：由图 2—54 可以看出，玩具飞机主要由机身、侧翼和尾翼三部分组成，其中机身可以通过旋转建模实现，侧翼可以通过拉伸实现，而尾翼相对复杂，可以通过 UG NX 的扫掠或者直纹面构建。

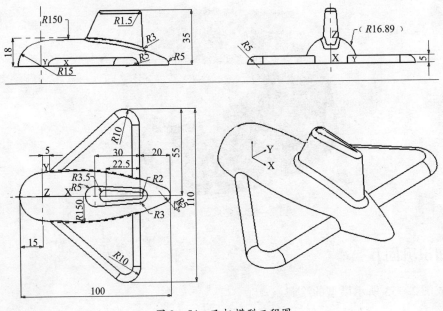

图 2—54　飞机模型工程图

一、飞机机身建模

1. 在菜单栏中选择【插入】/【在任务环境中绘制草图】命令，在工作区中选择 XY 平面作为绘图平面，绘制结果如图 2—55 所示。

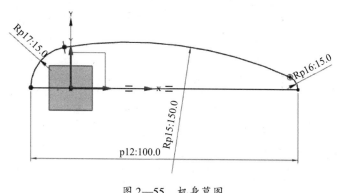

图 2—55　机身草图

2. 在菜单栏中选择【插入】/【设计特征】/【旋转】命令或单击 图标。在工作区中选择上一步骤绘制的曲线，选择轴矢量为 X 轴，设置旋转角度为 180°，设置结果如图 2—56 所示。

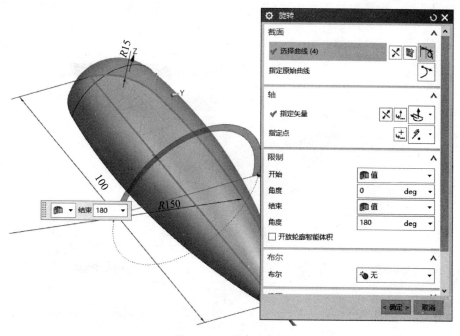

图 2—56　创建旋转体

二、飞机侧翼建模

1. 选中机身，单击 Ctrl + B 隐藏机身，在菜单栏中选择【插入】/【在任务环境中绘制草图】命令，选择 XY 平面为绘图平面，绘制飞机侧翼曲线，结果如图 2—57 所示。

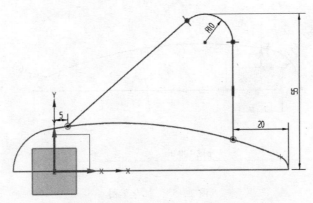

图 2—57 飞机侧翼轮廓曲线

2. 在模型树中旋转特征上单击鼠标右键，在弹出的快捷菜单中选择【显示】命令，恢复机身显示。在菜单栏中选择【插入】/【设计特征】/【拉伸】命令或单击 ▥ 图标，将选择过滤器设置为在"相交处停止"，在工作区中选择图 2—57 所示创建的曲线及与之相交的机身曲线，设置拉伸距离为"5"mm，【布尔】选项选择"无"，结果如图 2—58 所示。

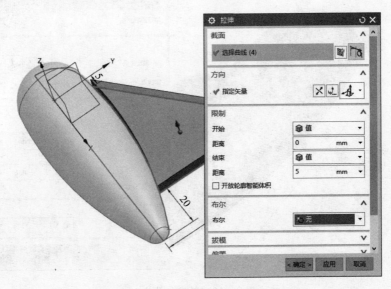

图 2—58 创建飞机侧翼拉伸体

3. 观察到机身和侧翼之间存在缝隙，在菜单栏中选择【插入】/【偏置/缩放】/【偏置面】命令，选择存在缝隙的面，输入偏置值"2"mm，如图2—59所示。

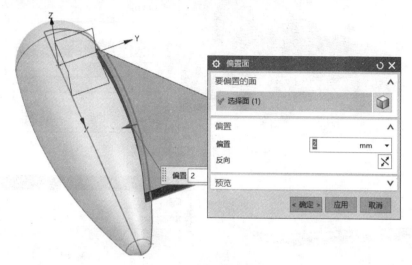

图 2—59　飞机侧翼偏置

4. 在菜单栏中选择【插入】/【关联复制】/【镜像几何体】命令，选择侧翼作为要镜像的特征，镜像平面为 XZ 平面，单击"确定"按钮，如图2—60所示。

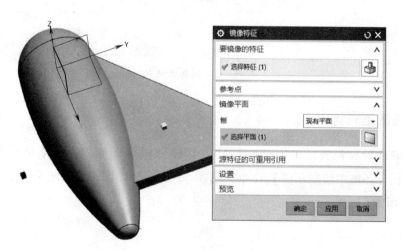

图 2—60　侧翼镜像

5. 单击 📦【布尔合并】图标，选择机身和两个侧翼，单击"确定"按钮，如图2—61所示。

6. 单击 📦【边倒圆】图标，选择飞机侧翼的上棱边，输入半径为"5"mm，如图2—62所示。

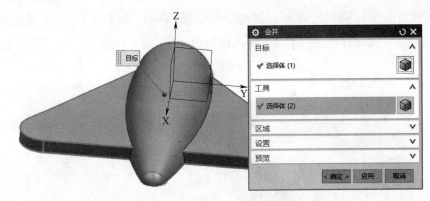

图2—61 机身与侧翼布尔运算

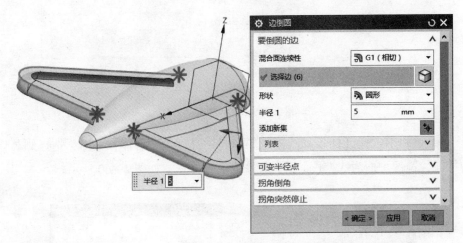

图2—62 侧翼边倒圆

三、飞机尾翼建模

1. 选中机身和侧翼，单击"Ctrl + B"键隐藏机身和侧翼，在菜单栏中选择【插入】／【在任务环境中绘制草图】命令，选择 XY 平面为绘图平面，绘制尾翼草图，结果如图2—63所示。

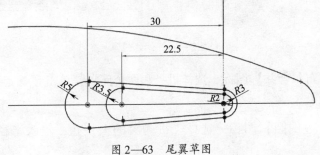

图2—63 尾翼草图

2. 显示隐藏的机身和侧翼，在菜单栏中选择【插入】／【关联复制】／【阵列几何特征】命令，选择草图中的内环，【阵列定义】选择"线性"，【方向1】矢量选择 Z 轴，其他参数如图 2—64 所示。

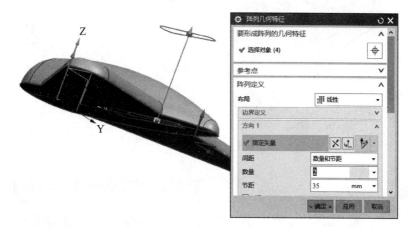

图 2—64　复制曲线

3. 在菜单栏中选择【插入】／【派生曲线】／【投影】命令，选择草图外环，【要投影的对象】选择机身上表面，【投影方向】选择沿矢量，指定矢量为 Z 轴，如图 2—65 所示。

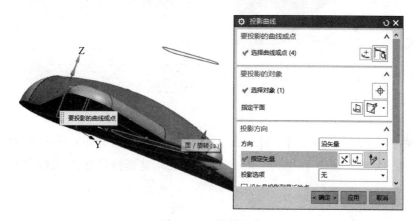

图 2—65　投影曲线

4. 再次利用"Ctrl＋B"键隐藏机身，单击 【创建直纹面】图标，选择投影曲线，确定后选择复制曲线，单击"确定"按钮，如图 2—66 所示。注意，选择时单击两条曲线的相对位置要大体一致。

5. 在菜单栏中选择【插入】／【修剪】／【修剪和延伸】命令，在弹出的对话框中，【修剪和延伸类型】选择"直至选定"，【目标】选择直纹面与机身相交的边，【工具】选择 XY 平面，如图 2—67 所示。

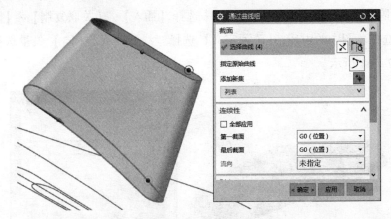

图 2—66　创建直纹面

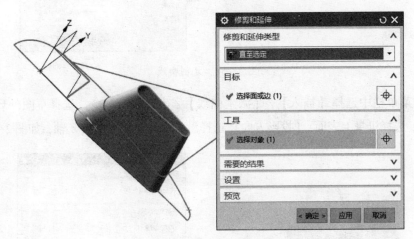

图 2—67　延伸直纹面

6. 在菜单栏中选择【插入】／【曲面】／【有界平面】命令，选择延伸后的直纹面上部的孔洞，构建平面，如图 2—68 所示。同样的步骤构建延伸后直纹面底部的有界平面。

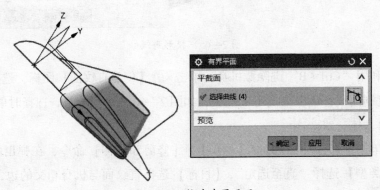

图 2—68　构建有界平面

7. 在菜单栏中选择【插入】/【组合】/【缝合】命令，选择刚刚创建的三个曲面，单击"确定"按钮，如图 2—69 所示。

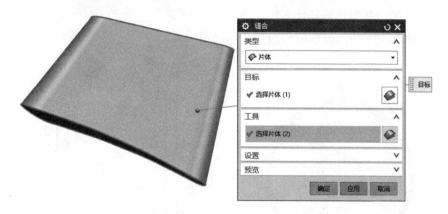

图 2—69　缝合曲面

8. 显示机身，单击 【布尔合并】图标，选择机身和尾翼，单击"确定"按钮，如图 2—70 所示。

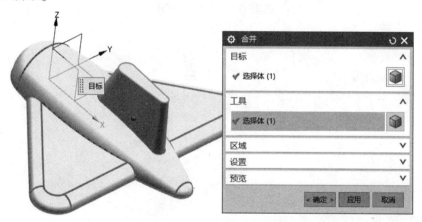

图 2—70　布尔合并操作

9. 单击 图标，在弹出的对话框中【曲线】和【草图】项上单击" – "号，隐藏曲线和草图。单击 【边倒圆】图标，选择尾翼上拐角处的边，对尾翼进行倒圆角，倒角半径为"3" mm，单击"应用"，选择尾翼顶部的边，倒角半径为"1.5" mm，单击"确定"按钮。

设计完成的玩具飞机模型如图 2—71 所示。

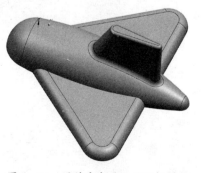

图 2—71　设计完成的玩具飞机模型

【知识巩固】

1. 曲面建模的基本思路是什么？
2. 完成图 2—72 所示模型的绘制。

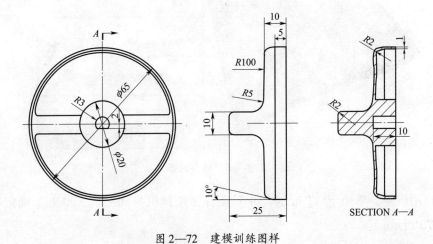

图 2—72　建模训练图样

项目三

桌面型 FDM 3D 打印机应用

【学习目标】

通过本项目的学习，掌握 FDM 工艺的成型原理及特点，通过桌面型 FDM 3D 打印机 UP Mini 实操案例，掌握桌面型 FDM 3D 打印机的使用和维护方法。

【知识要点】

◆ UP Mini 3D 打印机的结构。

◆ UP Mini 3D 打印机的使用方法。

◆ 理解支撑、镂空等 3D 打印数据处理概念及使用方法。

◆ UP Mini 3D 打印的后处理方法。

任务一　认识 UP Mini 3D 打印机

目前，在桌面型 3D 打印机中，FDM 工艺是应用最广泛的 3D 打印工艺，采用此工艺的 3D 打印设备很多。总的来说，这种打印机主要分为两类，一类是开放软硬件系统的开源 3D 打印机，另一类是软硬件均自主开发的非开源 3D 打印机。太尔时代的 UP Mini 3D 打印机就是非开源 3D 打印机的重要代表机型。该打印机操作简单，打印性能稳定，是目前国内主流桌面级 3D 打印机之一。

一、UP Mini 3D 打印机的结构

UP Mini 3D 打印机包括机顶盖、前门、喷头（也称挤出头）、XYZ 运动系统和工作平台等，其结构如图 3—1 所示。其中，喷头包含送丝机构、加热装置、风扇和喷嘴，其功能是将 $\phi 1.75\ mm$ 丝材（ABS 或 PLA 材质）送入加热头，熔融后由喷嘴挤出，形成模型和支撑结构。XYZ 运动系统在计算机和控制卡的驱动下，按照分层截面轮廓形状控制喷头完成扫描运动，将模型材料沉积在工作平台上。在机箱的后部和侧面安装有 USB 接口、电源接口、挂料架等。USB 接口负责将计算机上处理好的分层数据传输至 3D 打印机。电源接口用于连接电源适配器，为整个打印机工作供电。挂料架用于挂放打印机料盘。

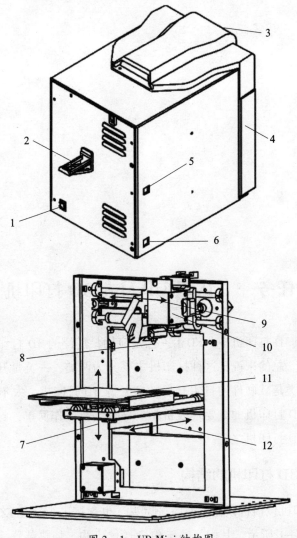

图 3—1 UP Mini 结构图

1—开关 2—挂料架 3—上盖 4—前门 5—USB 接口 6—电源接口

7—Z 轴 8—喷嘴 9—Y 轴 10—喷头 11—工作平台 12—X 轴

二、安装 UP Mini 3D 打印机

1. 安装喷头

UP Mini 3D 打印机喷头的安装非常方便，喷头依靠磁力固定在机器的 Y 轴上。组装喷头时，请确认喷头和喷头支架的三个磁力点已经吸附牢靠，并连接好喷头控制排线，如图 3—2 所示。

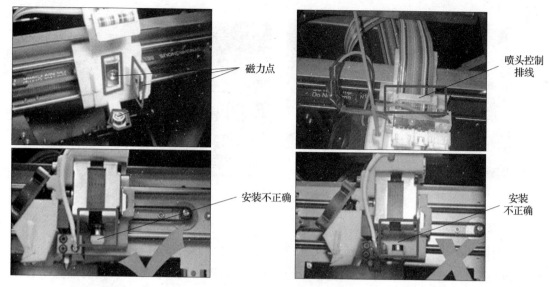

图 3—2　安装喷头

2．安装打印平板

为取件方便，UP Mini 3D 打印机工作平台上的打印平板可被快速更换。当开始新的打印时，需将打印平板插入打印平台的卡槽中，并确保打印平板固定牢固，如图 3—3 所示。

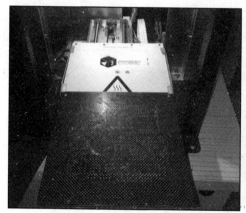

图 3—3　安装打印平板

3．安装挂料架

挂料架为 3D 打印零件，使用时可将挂料架卡口插入机身背面的方孔内，如图 3—4 所示，并沿图中所示箭头方向向下轻按，直到固定牢固。然后，将原厂材料卷轴放在挂料架上即可。

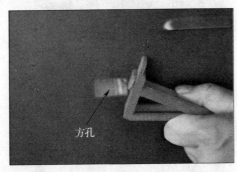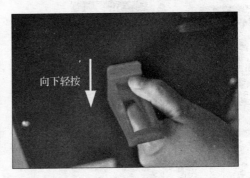

图3—4　安装挂料架

4．安装软件

运行随机附带的"UP！Setup.exe"安装文件，并指定安装目录（默认安装在 C：\Program files\UP 下）。安装文件在安装包括 UP 数据处理程序的同时，会自动安装系统驱动程序，安装过程和一般应用程序安装过程类似，通常选用默认安装设置，如图3—5所示。

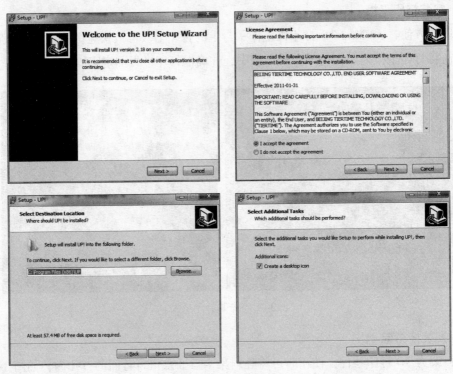

图3—5　安装软件

5．安装打印材料

首先，将电源适配器连接到电源接口，用偏口钳将 ABS（或 PLA）材料修剪平整，插入材料管，然后启动"UP!"软件，在软件界面中选择【3D 打印】菜单的【维护】界面，单击"挤出"按钮。在提示温度上升至 260℃后，机器将会蜂鸣，此时将挂料架上的材料插入喷头顶部的小孔内，并轻轻按住，直到感觉喷头挤出马达转动，并观察到材料自喷嘴内挤出，材料安装成功，如图 3—6 所示。

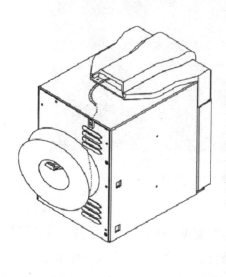

图 3—6　安装打印材料

【知识巩固】

1. UP Mini 3D 打印机由哪几部分组成？各部分在打印过程中有什么作用？
2. 如何安装打印机喷头？
3. 如何安装打印平板？
4. 尝试安装打印软件。

任务二　UP Mini 3D 打印机基本操作

一、打印准备

1. 启动程序

单击程序图标 UP，打开程序运行界面，如图 3—7 所示。

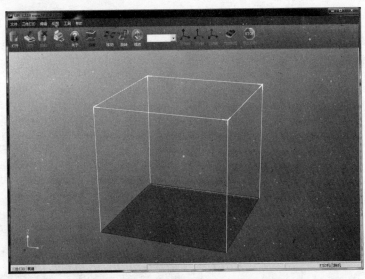

图3—7　程序启动主界面

2．载入模型

（1）读入 STL 文件（待打印模型文件）。在菜单栏中选择【文件】/【打开】命令或者单击工具栏中 ▣ 图标，选择一个想要打印的模型。"UP!"支持 STL 格式（标准的 3D 打印输入文件）、UP3 格式（"UP!"三维打印机专用的压缩文件）和 UPP 格式（"UP!"工程文件）三类模型文件，若使用其他格式文件需通过 CAD 软件完成格式转换。

模型打开后，会显示在"UP!"软件界面上，将鼠标移到模型上，单击鼠标左键，模型的详细资料会悬浮显示出来，如图3—8所示。

（2）卸载模型。若模型打开错误或更换打印模型，可将鼠标移至模型上，单击鼠标左键选择模型，然后在工具栏中单击【卸载】图标，或者在模型上单击鼠标右键，在弹出的下拉菜单中，选择【卸载模型】或者【卸载所有模型】命令（如载入多个模型，可一并卸载）。

（3）保存模型。选择模型，然后单击"保存"按钮，文件会以 UP3 格式保存，该格式是原 STL 文件大小的12%～18%。此外，可选中模型，在菜单栏中选择【文件】/【另存为工程】，可保存为"UPP（UP Project）"格式文件，该格式可将当前所有模型及当前参数进行保存，当再次载入 UPP 文件时，将自动读取该文件所保存的参数。

3．编辑模型

（1）观察模型。在菜单栏中选择【编辑】菜单中的选项，可以通过不同的方式观察目标模型（也可通过单击菜单栏下方的相应视图按钮 ▣ 实现），常用的命令包括旋转、移动、缩放和视图等。各种操作的含义如下：

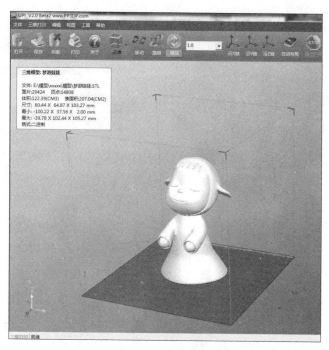

图 3—8　打开模型

【旋转】按住鼠标左键，拖动鼠标，或单击工具栏中的 图标，按住鼠标左键拖动、旋转视图，可从不同的角度观察模型。

【移动】同时按住"Ctrl"键和鼠标中键，拖动鼠标，可以实现视图平移。也可以按下鼠标右键拖动鼠标平移视图。

【缩放】转动鼠标滚轮，视图就会随之放大或缩小。

【视图】系统有 8 个预设的标准视图，存储于工具栏的视图选项中。单击工具栏中的 图标旁边的小三角，可以找到标准视图功能，如图 3—9 所示。

（2）修复 STL 文件。为准确打印模型，模型所有面的法向都要朝向外。"UP！"软件会用不同颜色来标明一个模型的面是否正确。当打开一个模型时，模型的默认颜色通常是灰色或粉色。如模型的面有法向错误，则模型错误的部分会显示成红色（图中深色区域为红色），如图 3—10 所示。

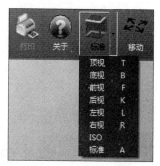

"UP！"软件具有修复模型坏表面的功能。在【编辑】菜单中有一个【修复】命令，选择模型，选择【修复】命令即可实现自动修复，修复后的 STL 文件如图 3—11 所示。若模型错误较多，应使用专业软件（如 Magics RP）进行修复。

图 3—9　模型视图

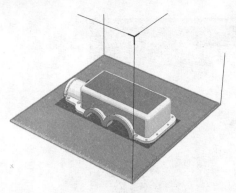

图 3—10 有错误的 STL 模型

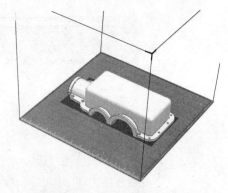

图 3—11 修复后的 STL 文件

（3）合并模型。在菜单栏中选择【编辑】/【合并】命令，可以将几个独立的模型合并成一个模型。打开所有想要合并的模型，按照希望的方式排列在平台上，然后单击"合并"按钮。保存文件后，所有部件会被保存成一个单独的 UP3 文件。

（4）移动模型。单击工具栏中的【移动】图标，选择或者在文本框里输入想要移动的距离，然后选择想要移动的坐标轴，每单击一次坐标轴按钮，模型会移动一次。

【例】将模型沿 Z 轴方向向下移动 5 mm，操作步骤如下：

1）单击"移动"按钮。

2）在文本框里输入"－5"。

3）单击【沿 Z 轴】图标，如图 3—12 所示。

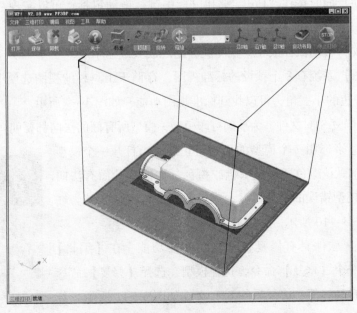

图 3—12 移动模型

提示：按住"Ctrl"键，拖动鼠标可将模型放置于任何需要的地方。

（5）旋转模型。单击工具栏中的【旋转】图标，在文本框中选择或者输入您想要旋转的角度，然后再选择旋转轴，可实现模型的旋转。旋转角度依据右手定则确定，逆时针为正，顺时针为负。

【例】将模型绕着 Y 轴逆时针旋转 30°，操作步骤如下：

1）单击【旋转】图标。

2）在文本框中输入"30"。

3）单击【沿 Y 轴】图标，如图 3—13 所示。

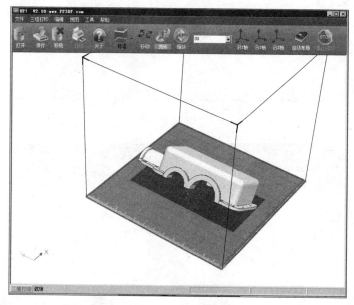

图 3—13　旋转模型

（6）缩放模型。单击工具栏中的【缩放】图标，选择或者输入一个比例，然后再次单击【缩放】图标缩放模型。如果只想沿着一个方向缩放，只需选择这个方向轴即可。

【例1】将模型放大 0.8 倍，操作步骤如下：

1）单击【缩放】图标。

2）在文本框内输入数值"0.8"。

3）再次单击【缩放】图标，完成缩放，如图 3—14 所示。

【例2】在 Z 轴方向放大模型 1.2 倍，操作步骤如下：

1）单击【缩放】图标。

2）在文本框内输入数值"1.2"。

3）单击【沿 Z 轴】图标，完成缩放，如图 3—15 所示。

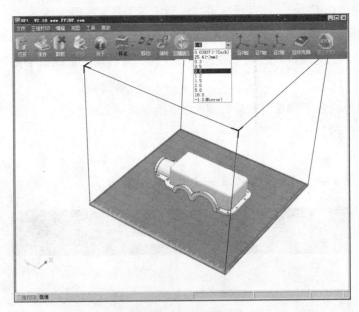

图 3—14　缩放模型

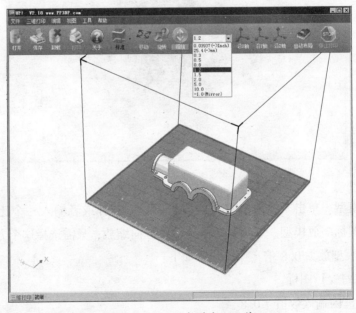

图 3—15　沿 Z 轴放大 1.2 倍

4. 将模型放到打印平台上

将模型置于平台的适当位置，有助于提高打印的质量，通常放置在平台的中央。

（1）自动布局。单击工具栏最右边的【自动布局】图标，软件会自动调整模型在平台上的位置。当平台上不止一个模型时，建议使用自动布局功能。

（2）手动布局。单击"Ctrl"键，同时用鼠标左键选择目标模型，拖动鼠标，可将模型移动到指定位置。

（3）移动。单击工具栏中的【移动】图标，选择或在文本框中输入距离数值，然后选择想要移动的方向轴。

注意：多个模型同时打印时，每个模型之间的距离至少保持 12 mm。

5. 初始化打印机

（1）初始化。在打印之前，需要初始化打印机。在菜单栏中选择【三维打印】/【初始化】命令，当打印机发出蜂鸣声，初始化即开始。打印喷头和打印平台将返回到打印机的初始位置，当准备好后将再次发出蜂鸣声，如图3—16 所示。

（2）安装打印平板。打印之前，请将打印平板固定牢固，确保模型在打印的过程中不会发生位移。在打印过程中，打印材料将被充分填充到打印平板表面的孔中，以保证模型的牢固。

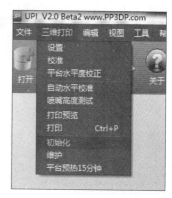

图3—16 初始化打印机

当将打印平板插入到打印平台的卡槽中时，应确保平板受力均匀。插入或取下平板时，应用手按住平台两侧的金属卡槽，如图3—17 所示。

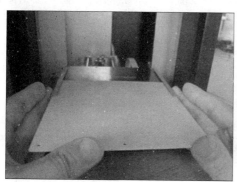

图3—17 插入工作平板

二、打印

1. 设置【三维打印】选项

在菜单栏中选择【三维打印】/【设置】命令，将会出现打印设置界面，如图3—18所示，在该界面中可设置三维打印中的各项参数。

（1）层片厚度。设定打印层厚，根据模型的不同，每层厚度设定在 0.2 ~ 0.35 mm。

（2）密封表面。一般情况下，3D打印零件为"轮廓 + 内部填充"结构，打印时零件的 *XY* 向轮廓称为"壁"，系统默认打印厚度约 1.5 mm，*Z* 向（顶部）轮廓称为"密封表面"，如图 3—19 所示。

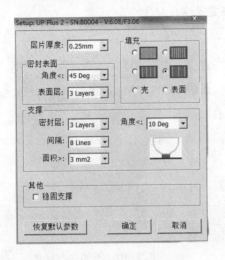

图 3—18　打印设置界面

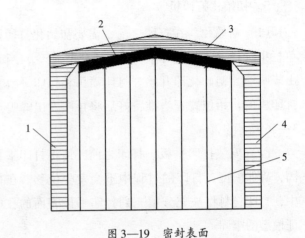

图 3—19　密封表面

1、4—壁　2—支撑密封层　3—密封表面　5—支撑

【角度】当"壁"平面与水平面的夹角小于该值时，系统将该"壁"按密封表面处理。

【表面层】指"密封表面"打印的层数，层数越大，打印完成的表面越厚。

（3）填充。填充内部支撑有四种方式，不同参数表达的含义见表 3—1，打印出的效果如图 3—20 所示。

表 3—1　　　　　　　　　　　　　　　　不同填充方式

参数	含义
◉▢ ○▤ ○▥ ○▦	该方式为实心结构，一般在制作工程零件时采用此设置
○▤ ◉▥ ○▥ ○▦	该方式的外部壁厚大约为 1.5 mm，内部为网格结构填充

续表

参数	含义
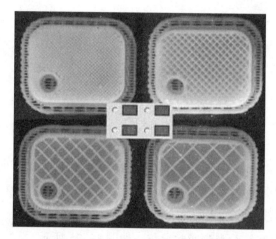 此处上方四个小图	该方式的外部壁厚大约为 1.5 mm，内部为中空网格结构填充
此处下方四个小图	该方式的外部壁厚大约为 1.5 mm，内部由大间距的网格结构填充

图 3—20　不同填充方式打印出的模型

【壳】该模式有助于提升中空模型的打印效率。选择该模式，模型在打印过程中将不会产生内部填充，如图 3—21、图 3—22 左图所示。

【表面】选择该模式，模型在打印过程中将仅打印单层外壁，且不生成表面层，如图 3—22 右图所示。

图 3—21　打印壳的方式

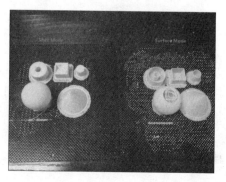

图 3—22　打印的样品

（4）支撑。其各项参数含义如下：

【密封层】为避免模型主材料陷入支撑网格内，在贴近主材料的支撑部分要做数层密封层，具体层数可在支撑密封层选项内进行选择（可选范围为2~6层，系统默认为3层），支撑间隔取值越大，密封层数取值相应越大。

【角度】使用支撑材料时的角度。例如，设置成10°，当表面和水平面的成型角度小于10°时，支撑材料才会被使用，如图3—23a所示；设置成50°，当表面和水平面的成型角度小于50°时，支撑材料才会被使用，如图3—23b所示。

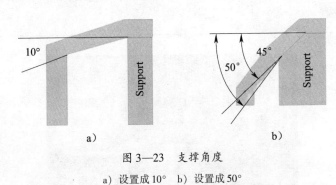

图3—23　支撑角度

a）设置成10°　b）设置成50°

通常，外部支撑比内部支撑更容易移除，因此合理选择成型方向，可以大大减少支撑的使用量。如图3—24所示，开口向上比向下可节省更多的支撑材料。

【间隔】支撑材料线与线之间的距离。需通过支撑材料的用量、移除支撑材料的难易度和零件打印质量等一些经验来改变此参数，如图3—25所示。

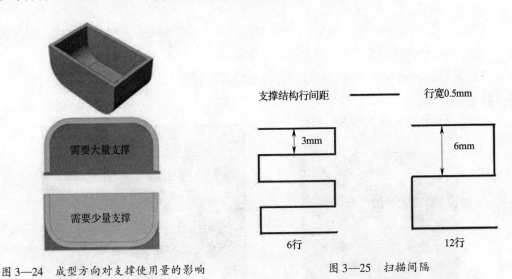

图3—24　成型方向对支撑使用量的影响

图3—25　扫描间隔

【面积】支撑材料的表面使用面积。例如，选择 5 mm^2 时，悬空部分面积小于 5 mm^2，不会有支撑添加，将会节省一部分支撑材料并且可以提高打印速度，如图 3—26 所示。

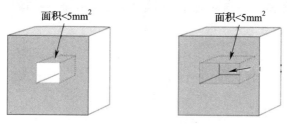

图 3—26　添加支撑的面积

2. 设置打印参数

单击"打印"按钮，在弹出的"打印"对话框中设置打印参数（如质量等），如图 3—27 所示，单击"确定"按钮开始打印。"打印"对话框中各项参数含义如下：

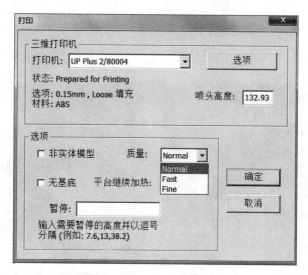

图 3—27　"打印"对话框

【质量】分为 Normal（普通）、Fast（快速）、Fine（精细）三个选项。此选项同时决定了打印机的成型速度。通常情况下，打印速度越慢，成型质量越好。

【非实体模型】当所要打印的模型为非完全实体，如存在不完全面时，应选择此项。

【无基底】选择此项，在打印模型前将不会产生基底。该模式可以提升模型底部平面的打印质量。选择此项后，将不能进行自动水平校准。

【暂停】可在方框内输入想要暂停打印的高度，当打印机打印至该高度时，将会自动暂停打印，直至单击"恢复打印位置"。

3．停止打印

单击【停止打印】图标，将停止加热和停止运行打印机。一旦【停止打印】被执行，当前正在打印的所有模式都将被取消，且不能恢复打印作业。在使用停止功能之后，需要初始化打印机。

4．暂停打印

单击【暂停打印】图标，可以在打印中途暂停打印，然后从暂停处继续打印。例如，在打印中途想要改变丝材的颜色时，可以使用此项功能。

三、后处理

1．移除模型

（1）当模型打印完成时，打印机会发出蜂鸣声，喷嘴和打印平台会停止加热，此时将打印平台轻轻撤出。

（2）把铲刀慢慢地滑动到模型下面，来回撬松模型，最终移除模型。撬模型时切记佩戴手套以防烫伤，如图3—28所示。

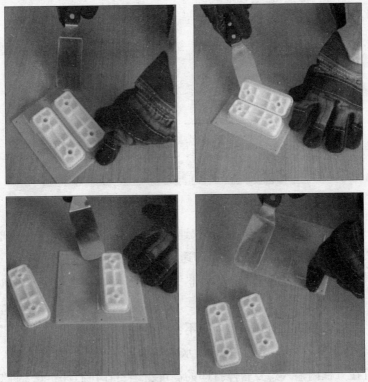

图3—28　移除模型

2. 移除支撑材料

模型由两部分组成，一部分是模型本身，另一部分是支撑材料，如图 3—29 所示。支撑材料和模型主材料的物理性能是一样的，只是支撑材料的密度小于主材料，所以很容易被从主材料上移除。如图 3—29a 所示为移除支撑材料后的状态，图 3—29b 所示为尚未移除支撑材料的状态。移除支撑材料的方法很多，有的部分可以直接用手拆除，接近模型的支撑部分可以使用钢丝钳或者尖嘴钳等移除，如图 3—30 所示。

a) b)

图 3—29　模型与支撑材料

图 3—30　移除支撑材料的方法

四、系统维护

1. 校准喷嘴高度

喷嘴高度是指初始化完成后打印平台的位置到开始打印时平台位置之间的距离。为确保打印时材料牢固地固定在打印平台上，开始打印时平台应距喷嘴 0.1 mm，每台机器会略有不同，若发现挤出的丝材不能完全粘接在平台上或喷嘴与平台有刮蹭现象，需根据实际情况对喷嘴高度进行微调。

设置喷嘴高度的步骤如下：

（1）在菜单栏中选择【三维打印】/【维护】命令，打开对话框（见图 3—31），当前的喷嘴高度为 122 mm。

（2）在如图 3—31 所示的文本框中输入数值"122"，然后单击"至："按钮，平台即从起始位置向上移动到 122 mm 处，如图 3—32 所示。

（3）检查喷嘴和平台之间的距离。例如，如果平台距离喷嘴约 5 mm，单击"移动到"按钮，将图 3—31 所示文本框内数值增加到 125 或 126。为防止喷嘴和平台发生碰撞，越接近喷嘴，越要慢慢增加高度。

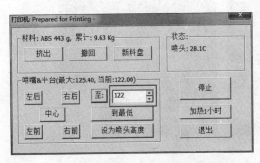

图 3—31　设置喷嘴高度

图 3—32　移动打印平台

（4）当平台的高度距离喷嘴约 1 mm 时，单击"移动到"按钮，在文本框中依次增加 0.1 mm，直到平台与喷嘴的距离在 0.1 mm 之内。为获得 0.1 mm 的距离，可以在平台和喷嘴之间放一张 A4 纸，此时调整喷嘴高度，当 A4 纸能够自由移动且能受到来自喷嘴和平台之间的摩擦阻力时为最佳。

（5）单击"设为喷头高度"按钮，如图 3—33 所示，即完成了喷嘴高度的重设。

通常，打印机安装完成后，喷嘴的高度只需要设定一次，以后使用时不必每次设定。当发现模型没在平台的正确位置上打印或模型发生翘曲时，才需重设喷嘴高度。

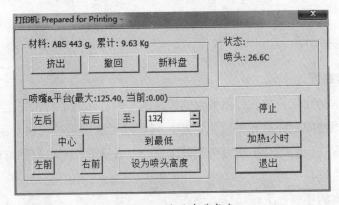

图 3—33　重设喷嘴高度

2. 其他维护

在菜单栏中选择【三维打印】/【维护】命令，弹出的对话框如图3—31所示，除喷嘴高度设置外，其他维护项的含义如下：

（1）挤出。该功能使丝材从喷嘴中挤压出来。单击此按钮，喷嘴会加热，当喷嘴温度上升到260℃（ABS材料），丝材就会通过喷嘴挤压出来。在丝材开始挤压前，系统会发出蜂鸣声，当挤压完成后，会再次发出蜂鸣声。该功能主要用于更换新材料，也可以用来测试喷嘴是否正常工作。

（2）撤回。该功能为从喷头中撤出丝材。单击此按钮，喷嘴开始加热，当温度升高到260℃，并且机器发出蜂鸣声时，轻轻地拉出丝材，完成材料撤回。

（3）新料盘。该功能可使用户跟踪打印机已使用材料数量，并当打印机中没有足够的材料打印模型时，发出警告。单击此按钮，可以设置要打印的材料是ABS还是PLA，并且输入当前剩余多少克的丝材，如果是一卷新的丝材，应该被设置成"700克"，如图3—34所示。

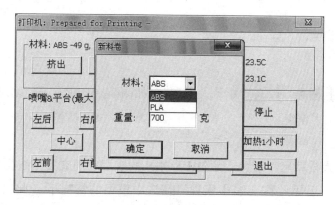

图3—34 新料盘功能

（4）状态。显示喷嘴和打印平台的温度。

【知识巩固】

1. 练习如何打开软件并读入STL文件。

2. 利用旋转、移动、缩放视图操作熟悉观察模型的方法，并熟悉鼠标键盘的快捷操作。

3. 练习旋转、移动、缩放模型的方法。

4. 理解旋转、移动、缩放视图和旋转、移动、缩放模型的区别。

5. 理解打印设置各项参数的含义。

任务三 3D 打印小黄人模型

小黄人模型结构简单，如图 3—35 所示。

一、模型分析

由图 3—35 可以看出，小黄人模型仅有少量的悬臂和悬吊结构，主体为实体，因此 3D 打印较容易实现。在成型方向选择上，可以选择站姿打印，也可以选择倒立打印。站姿打印时腿部上方的身体和心形结构处有部分悬吊结构，需要加支撑结构以保证成型，去除时会稍有麻烦。倒立打印时，支撑机构较少，去除容易。本例中采用站姿打印，可通过打印过程理解支撑的作用。

图 3—35　小黄人模型

二、打印过程

1．载入模型

单击【打开】图标，读入"小黄人模型"，如图 3—36 所示，利用旋转、移动、缩放视图功能观察小黄人模型。

2．缩放模型

读入的小黄人模型尺寸较大，超过 UP Mini 的成型空间立方体线框尺寸（120 mm×120 mm×120 mm），因此需要缩小模型。在选中模型的情况下（此时模型一般为粉红色），单击【缩放】图标，在文本框中输入 0.3，再次单击【缩放】图标，如图 3—36 所示。

3．旋转模型

在模型被选中的情况下，单击【旋转】图标，文本框中输入"90"，单击【沿 X 轴】图标完成绕 X 轴旋转，旋转后的小黄人如图 3—37 所示。

4．自动布局

单击【自动布局】图标，小黄人模型则自动放置于工作台上，如图 3—38 所示。

5．初始化 3D 打印机

在菜单栏中选择【三维打印】/【初始化】命令，当打印机发出蜂鸣声后，打印机开始初始化，当再次发出蜂鸣声后，初始化完成。

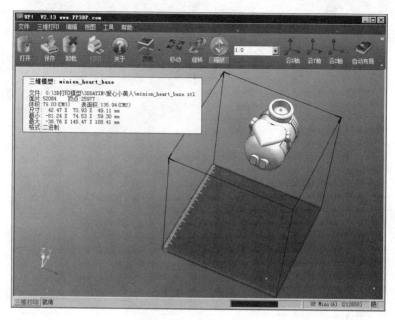

图 3—36　缩放模型

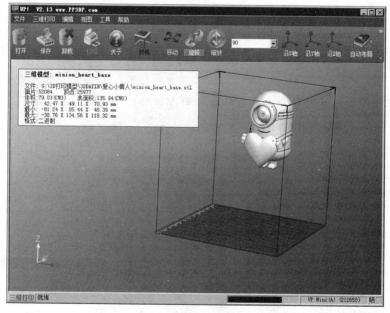

图 3—37　旋转模型

图3—38 自动布局后的模型

6. 打印设置

在菜单栏中选择【三维打印】/【打印】命令，在弹出的"打印"对话框中，单击"选项"按钮，按图3—39所示设置打印参数，单击"确定"按钮。单击"打印"对话框中"确定"按钮，系统开始分层，并将数据传送至打印机，当打印机发出蜂鸣声后，数据传输完成，系统弹出提示框，显示打印所需材料克数和打印时间，单击"确定"按钮，挤出头开始升温，当温度达到260℃时开始打印。

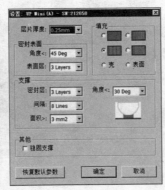

图3—39 打印设置

三、后处理

1. 打印完成的小黄人模型如图3—40所示。扶住打印平台边缘，取出打印平板。

2. 戴上手套，用铲刀细心撬动并移除模型，用手、尖嘴钳或偏口钳剥离支撑即可得到小黄人模型，如图3—41所示。

图3—40 打印完成后的模型

图3—41 后处理后的模型

【知识巩固】

1. 熟悉3D打印流程。

2. 进一步理解各项打印参数的含义。

3. 熟悉3D打印机操作过程，试着用不同的成型方向打印小黄人模型，并分析所获得模型的区别。

4. 打印图3—42所示模型。

图3—42 打印练习

任务四 3D打印螺旋千斤顶模型

螺旋千斤顶为装配模型，虽然单个零件相对简单，但需要螺纹配合，因此打印时要整体考虑各零件的成型方向和精度。

一、模型分析

螺旋千斤顶模型如图3—43所示，整个模型由7个零件组成，其中零件1和零件2为螺纹配合件。打印时XY方向精度要好于Z向精度，因此除零件5外均采用立位成型。为了提高效率零件5采用横向成型。分层厚度均采用0.2 mm。

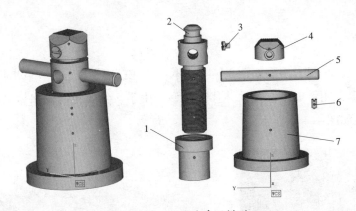

图 3—43　螺旋千斤顶模型

1—螺母　2、5—螺杆　3—开槽螺钉　4—顶盖　6—无头螺钉　7—底座

二、打印过程

1. 打印底座

底座（零件7）体积较大，因此需单独打印。导入模型，选择圆柱站立的方向成型，利用自动布局功能将模型放置于平台中央，如图3—44所示。

2. 打印螺杆、螺母和顶盖

由于螺杆（零件2）和螺母（零件1）含有螺纹，在零件制作中精度要求最高，因此选用圆柱站立方向加工（XY方向的打印精度要好于Z方向）。导入零件布局如图3—44所示。

3. 打印其他零件

剩余的3个零件一起打印，零件5水平放置，零件3和零件6竖直放置，导入零件布局后如图3—44所示。

UP Mini 3D打印过程类似，整个打印分3次完成，打印参数设置如图3—44所示。

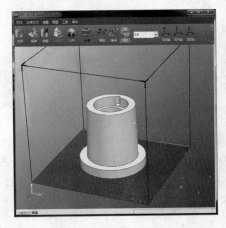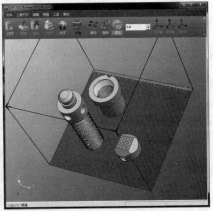

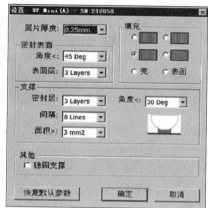

图 3—44　3D 打印设置

三、后处理

模型打印完成后，取出打印平板，用铲刀细心撬动并移除模型，利用工具剥离支撑材料即可得到模型，将模型组装在一起即得到螺旋千斤顶装配模型，如图 3—45 所示。

图 3—45　打印完成的螺旋千斤顶模型

【知识巩固】

1. 进一步熟悉 3D 打印过程。

2. 成型方向的选择原则有哪些？

3. 组合件打印时要注意哪些问题？

任务五 3D打印扳手模型

扳手为装配模型，打印完成后扳手能够活动，因此对单个零件的打印精度要求较高。同时，零件具有孔洞、悬臂结构，打印时需整体考虑各零件的成型方向和精度。

一、模型分析

扳手模型由四个零件组成，如图3—46所示。其中零件1和零件4为螺纹配合，零件3为旋转轴。打印时XY方向精度要好于Z方向精度，因此，零件2和零件4可以竖向打印，其余零件可横向打印。为提高打印效率，也可将全部零件横向打印。本例中全部为横向成型，分层厚度均采用0.2 mm。

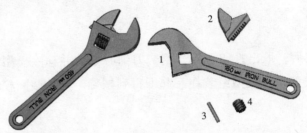

图3—46 扳手模型

二、打印过程

将所有零件导入到"UP!"软件中，利用编辑功能排布好所有零件。放好打印平板，初始化打印机，然后按照"UP!"3D打印机的操作过程打印扳手模型。排布好的模型和打印参数如图3—47所示。

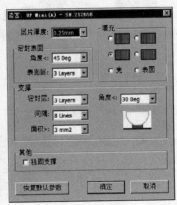

图3—47 打印过程

三、后处理

模型打印完成后，取出打印平板，用铲刀细心撬动并移除模型，利用工具剥离支撑材料即可得到模型，将模型组装在一起即得到扳手模型，如图3—48 所示。

图3—48　打印完成的扳手模型

【知识巩固】

1. 比较不同成型方向对扳手精度的影响。

2. 成型方向与支撑的添加有什么关系？

3. 打印图3—49 所示模型。

图3—49　打印练习

项目四

工业型 SLA 3D 打印机应用

【学习目标】

通过本项目的学习，掌握工业型 SLA 3D 打印机工作原理及特点，通过工业型 SLA 3D 打印机 SPS350B 实操案例，初步掌握工业型 3D 打印机的使用方法。

【知识要点】

◆ SLA 3D 打印机的结构。

◆ SLA 3D 打印机的使用方法。

◆ SLA 3D 打印机数据处理软件的使用方法。

◆ SLA 3D 打印机的后处理方法。

SLA 激光固化 3D 打印机的工作原理是：在计算机控制下，激光束照射到可固化的光敏树脂表面，进行固化，当一层固化完成之后工作台下降一个层厚，再进行下一层固化，如此往复循环，当整个物体都固化完成之后，工作台会回到零位（即初始位置），即可取出零件。

任务一　认识 SLA 3D 打印机

SPS350B 3D 打印机是由西安交通大学快速制造国家工程研究中心开发的 SLA 工艺的 3D 打印机，其以光敏树脂为原料，以 355 nm 光谱的紫外激光器作为固化光源，按加工零件的分层截面信息逐层对树脂进行扫描，使其产生光聚合反应，最终形成零件。该设备成型精度高、表面质量好，原材料利用率将近 100%，能制造形状特别复杂、特别精细的零件。

一、设备的基本参数

最大激光扫描速度：10 m/s、5 m/s（sps250）。

激光光斑直径：≤0.15 mm。

成型空间：350 mm×350 mm×350 mm。

加工精度：±0.1 mm（$L \leqslant 100$ mm）或 ±0.1%（$L > 100$ mm）。

加工层厚：0.06~0.2 mm。

最大成型速度：80 g/h。

设备体积：1 565 mm×1 000 mm×1 870 mm。

设备功率：3 kW、6 kW（SPS800）、2.5 kW（SPS250）。

数据接口：STL。

二、设备结构

SPS350B 3D 打印机的外观及结构组成如图 4—1 所示。设备由激光扫描系统、托板升降系统、真空吸附刮平系统、树脂自动补液系统和温度控制系统组成。

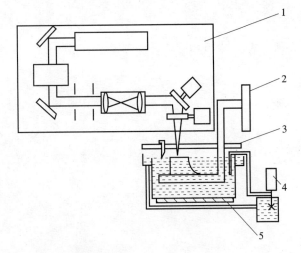

图4—1　SPS350B 3D打印机结构

1—激光扫描系统　2—托板升降系统　3—真空吸附刮平系统　4—树脂自动补液系统　5—温度控制系统

1. 激光扫描系统

激光扫描系统是成型设备中的关键子系统之一，系统不但要完成对激光光束的扫描控制，还要实现激光动态聚焦。SPS350B采用的是振镜后置扫描方式，即振镜置于动态聚焦镜后面的布置形式，及激光经过优化处理后经振镜扫描在工作平面上，如图4—2所示。

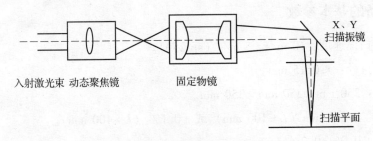

图4—2　激光扫描系统结构图

在扫描方式上，由于实体扫描占用了大量的制作时间，所以尽可能缩短扫描时间是提高SLA制作效率的最直接方法。在SPS350B 3D打印机中，扫描分为三种情况，即支撑扫描、轮廓扫描和填充扫描。为提高效率，在填充扫描时采用变光斑的方式，以尽可能地提高扫描效率。

2. 托板升降系统

托板升降系统的功用是支撑固化零件，带动已固化部分完成每一层厚的步进、快速升降，用以加热搅拌和零件成型后的快速提升。托板升降系统的运动是实现零件堆积的主要过程，因此必须保证其运动精度。步进的定位精度直接影响堆积的每一层厚度，这不仅影响 Z 向的尺寸精度，更严重的是影响相邻层之间的黏结性能。SPS350B 3D 打印机采用步进电机驱动，精密滚珠丝杠传动及精密导轨导向，驱动电机采用混合式步进电机，具有体积小、力矩大、低频特性好、运行噪声小及失电自锁等优点，配合细分驱动电路，与滚珠丝杠直接连接实现高分辨率的驱动，省去了中间齿轮传动，既减小了结构尺寸，又减小了传动误差。

3. 真空吸附刮平系统

真空吸附刮平系统主要完成对树脂液面的刮平作用，由于树脂的黏性及已固化树脂表面张力的作用，如果完全依赖于树脂的自然流动达到液面的平整，需要较长的时间，特别是已固化层面积较大时，借助刮板沿液面的刮平运动，辅助液面尽快流平，可提高涂层效率。另外，如果树脂是液态的，就必须要考虑气泡的问题，所以在刮平系统中需要增加除气泡的功能。

4. 树脂自动补液系统

在零件的整个制作过程中，为保证扫描振镜到树脂液面距离固定，必须配置树脂自动补液系统。此系统在零件制作过程中，对当前液面进行实时检测，检测精度达到 0.02 mm，当超过预先设定的高度值时，控制程序会自动进行补偿。在设备使用过程中，每次将做完的模型取出成型室后，工作槽内的树脂都会减少。当树脂减少到一定量之后，树脂自动补液系统将无法实现自动调整，这时系统会自动提示用户通过控制程序里的添加树脂模块添加树脂。

5. 温度控制系统

由于在特定的温度下光敏树脂的固化性能最稳定，而且保持一定的温度还可以保持恒定的黏度和体积，因此，为了维持液面位置的稳定，改善树脂的流动性，树脂需要维持在恒温状态下固化。

树脂在不锈钢制成的工作槽内，如果需要加热，可以在槽体外部安装加热板和保温层，这样安装比较简单，操作也方便。同时，采用多块小功率加热板沿液槽周围布置，这样一方面避免局部过热，另一方面可提高加热效率，加之利用托板的升降运动进行搅拌，以便树脂槽内温度均衡，避免靠近加热元件的局部产生过热。

【知识巩固】

1. SPS350B 3D 打印机的成型空间和成型精度是多少？
2. SPS350B 3D 打印机由哪几部分组成？

任务二 3D 打印排气管模型

一、数据处理

工业零件的复杂程度和精度要求一般都比较高，因此数据处理过程也要比桌面机数据处理复杂，需要较多的操作经验。

1. 数据转换

若 3D 打印数据模型为 CAD 模型，需进行格式转换。如模型为 UG NX 模型，需在 UG NX 环境下选择菜单栏中的【文件】/【导出】/【STL】命令，在弹出的对话框中设置三角公差值，单击"确定"按钮。在弹出的对话框中指定 STL 文件名，然后在弹出的对话框中输入文件头（或不输入），单击"确定"按钮，在"选择"对话框中单击要转换的模型，单击"确定"按钮，并在随后出现的对话框中单击"确定"按钮，完成 STL 文件的转换，如图 4—3 所示。

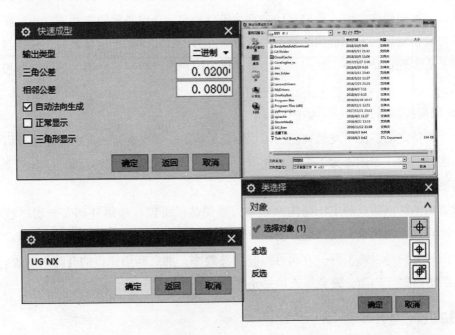

图 4—3 导出 STL 文件

注：其他 CAD 软件的 STL 文件导出方式与 UG NX 类似，一般可使用【文件】菜单下的【导出】【另存为】或【保存副本】命令。

2. 数据处理

（1）打开 Magics 软件，单击 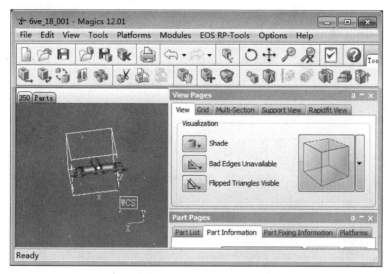 图标，打开排气管模型文件，如图 4—4 所示，选择界面右侧的【Part Pages】/【Part Information】，可以看到零件外包围框的大小，如图 4—5 所示，通过该数值可以确定模型是否满足 3D 打印机的成型空间。

图 4—4　Magics 对话框

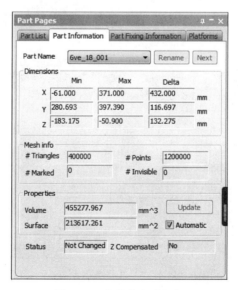

图 4—5　零件信息对话框

（2）单击 图标，检验模型是否有错误，若有错误，可通过自动修复或手动修复的方法，完成模型修复，如图 4—6 所示。

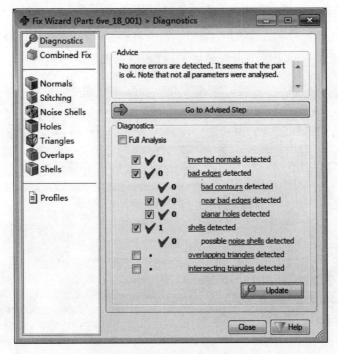

图4—6　模型修复向导

（3）选择成型方向。单击 图标，选择制件底平面，确定制件成型方向，如图4—7
所示。

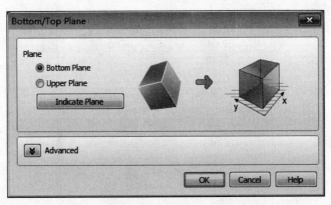

图4—7　选择成型方向

注：一般为提高成型效率，尽量选择大平面作为成型时的底面。

（4）单击 图标，在 Z 轴处输入6 mm，如图4—8所示，将排气管模型沿 Z 轴平移
6 mm，平移后的结果如图4—9所示。

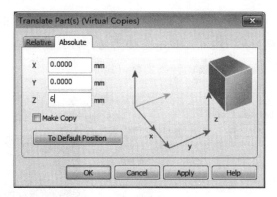

图 4—8　移动模型对话框

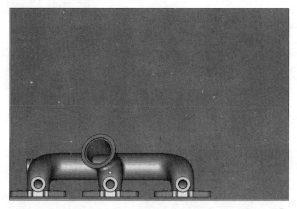

图 4—9　平移后的模型

（5）单击 🗑 图标，添加支撑，选择默认支撑参数，生成的支撑如图 4—10 所示。

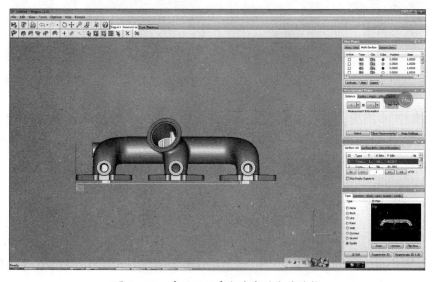

图 4—10　采用默认参数生成的支撑结构

注：按默认参数生成的支撑中，有点支撑（point）、线支撑（line）、块支撑（block）和复合支撑（comb）等，有一些点支撑不是必要的，为提高效率应去除，如图 4—11 所示，在支撑中仅保留块支撑（block）和线支撑（line）。

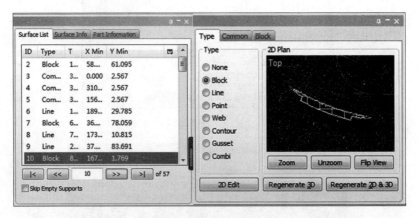

图 4—11　支撑筛选

（6）经过筛选之后，支撑数量减少很多，筛选后的支撑结构如图 4—12 所示。

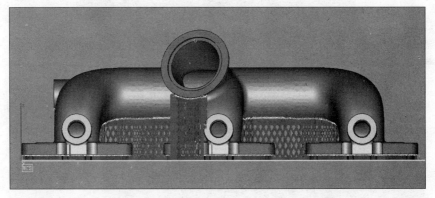

图 4—12　筛选后的支撑结构

（7）单击 图标，退出支撑添加模块，在弹出的对话框中选择"否"。单击 图标，弹出导出平台文件对话框，如图 4—13 所示，单击对话框中 图标，选择文件夹位置，导出 SLC 格式模型文件和支撑文件，这两个 SLC 文件将用于模型的加工。

二、打印过程

开始打印前，打开打印机，然后打开控制软件"RpBuild"，待打印机初始化完成后，检查树脂是否充足，若不足应先添加树脂，然后在菜单栏中选择【文件】／【加载成型数据文件】，如图 4—14 所示，选择导出的 SLC 文件。

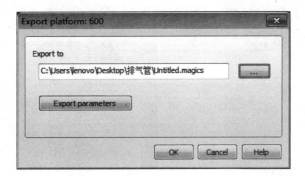

图 4—13　导出平台文件对话框

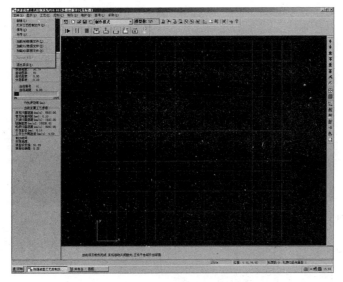

图 4—14　3D 打印机控制软件

然后，在菜单栏中选择【控制】/【开始制作】命令开始打印零件。

三、后处理

1. 零件加工完成后，将工作台上升至零位（初始加工位置）。

2. 戴好防护手套，用铲刀细心撬动并移除模型，利用工具剥离支撑材料，将零件放入托盘中，如图 4—15 所示。

3. 用毛刷蘸酒精清洗零件，一般需清洗 2～3 次，将零件表面的支撑和树脂清洗干净。

4. 将清洗完成的排气管模型放到固化箱里固化约 20 min，如图 4—16 所示。

5. 固化完成，把零件拿出，清除毛刺，即完成零件制作，如图 4—17 所示。

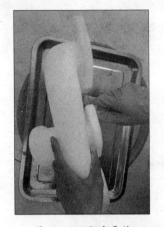

图 4—15　取出零件

图 4—16　固化模型

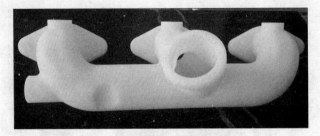

图 4—17　制作完成后的模型

【知识巩固】

1. CAD 模型转换成 STL 文件时，精度如何控制？

2. SLA 工艺中，支撑有什么作用？

3. SLA 工艺中，为什么要进行后固化？

4. 后处理过程中，用酒精清洗的目的是什么？

参考文献

1. Ian Gibson, Divid W. Rosen, Brent Stucker. Additive manufacturing technologies［M］. New York：Springer，2015.

2. 王运赣，王宣. 三维打印技术［M］. 武汉：华中科技大学出版社，2013.

3. 刘民杰，张玥，魏征等. UG NX 8.0 机械设计基础及应用［M］. 北京：人民邮电出版社，2013.